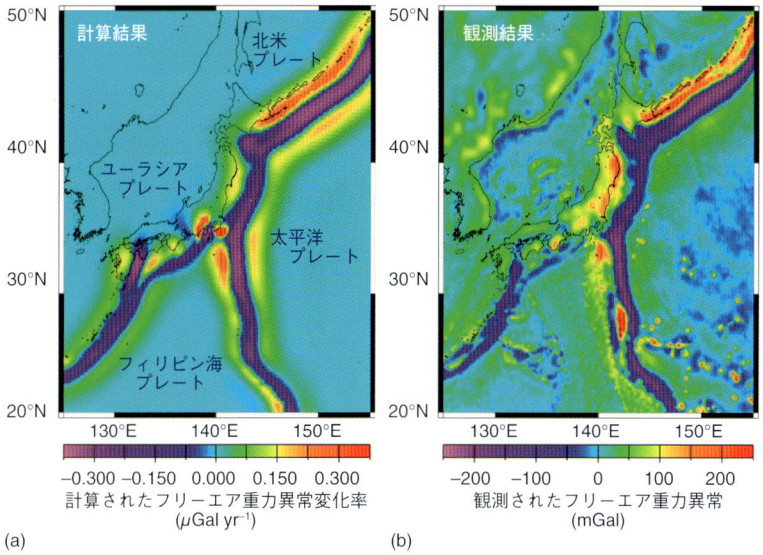

口絵 1 日本周辺域のフリーエア重力異常

(a) 三次元の数値シミュレーションによる重力異常の変化率（Hashimoto *et al.*, 2008），
(b) 観測結果（Sandwell and Smith, 1997）．　　　　　　　　　　（本文 p.68 参照）

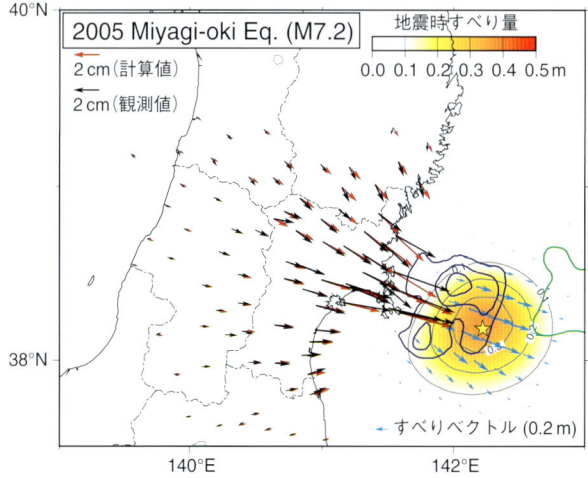

口絵 2 2005 年 8 月 16 日の宮城県沖地震（M7.2）に伴って観測された地震時地殻変動（黒矢印）と推定されたプレート境界上のすべり分布（青矢印・コンター）

赤矢印は，推定されたすべり分布から計算された変位を示す．地震時すべり分布（青矢印）は，プレート境界上盤側での変位を地表に投影したものである．黄色の星印は本震震央を示す．紫，緑のコンターは，Yamanaka and Kikuchi（2004）により推定された 1978 年（M7.4），および 1981 年（M7.0）の地震のすべり分布を示す．　　　　　　　　　（本文 p.150 参照）

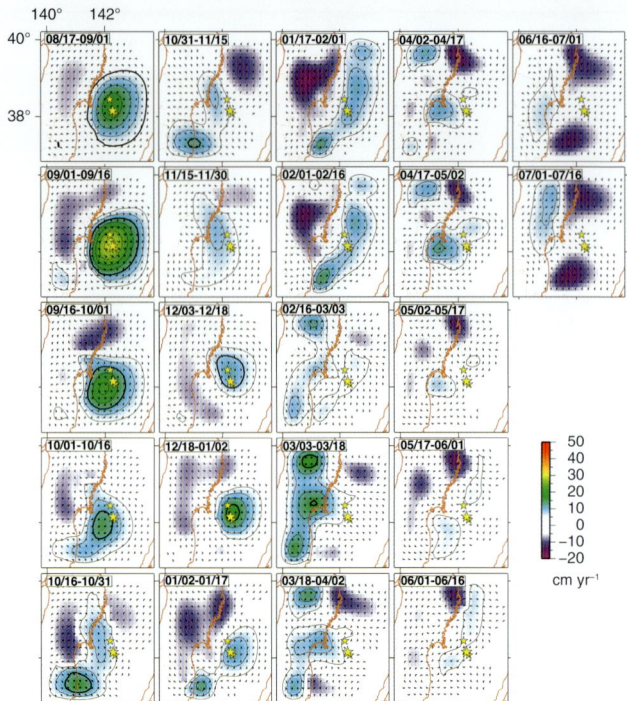

口絵 3 GPS 連続記録インバージョンによって推定されたプレート境界面上のすべりの時空間発展のスナップショット（15 日ごとの変化分）

コンター間隔は $5\,\mathrm{cm\,yr^{-1}}$. 大きな星印は本震の，小さな星印のうち南側のものは最大余震の，北側のものは M6.3 の余震の震央を示す．太いコンターは推定誤差 (2σ) を示す．

（本文 p.152 参照）

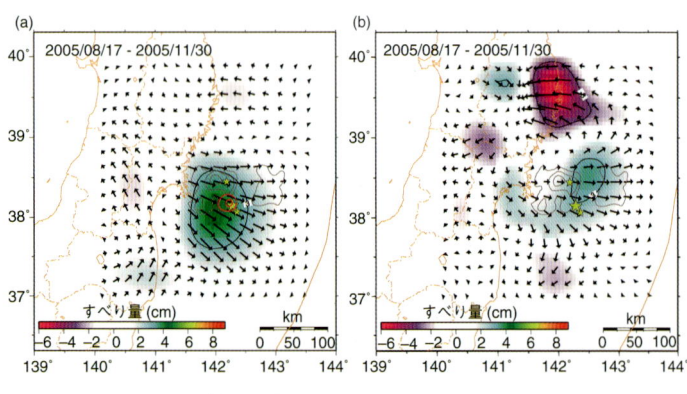

口絵 4 余効すべりの積算値の分布

(a) 2005 年 8 月 17 日から 2005 年 11 月 30 日まで（最大余震発生前）の積算すべり分布．灰色のコンターは Yamanaka and Kikuchi (2004) による 1978 (M7.4, 西側) および 1981 (M7.0, 東側) の地震のすべり量分布 (0.5 m 間隔) を示す．赤のコンターは Yaginuma et al. (2006) による本震時のすべり分布．

(b) 2005 年 12 月 3 日から 2006 年 7 月 16 日までの積算すべり分布．　（本文 p.153 参照）

現代地球科学入門シリーズ
大谷栄治・長谷川昭・花輪公雄［編集］

Introduction to
Modern Earth Science Series

8

測地・津波

藤本博己・三浦　哲・今村文彦［著］

共立出版

現代地球科学入門シリーズ
Introduction to Modern Earth Science Series

編集委員

大谷 栄治・長谷川 昭・花輪 公雄

<出版者著作権管理機構委託出版物>

本書の無断複製は著作権法上での例外を除き禁じられています．複製される場合は，そのつど事前に，出版者著作権管理機構（ＴＥＬ：03-5244-5088，ＦＡＸ：03-5244-5089，e-mail：info@jcopy.or.jp）の許諾を得てください．

現代地球科学入門シリーズ
刊行にあたって

読者の皆様

　このたび『現代地球科学入門シリーズ』を出版することになりました．近年，地球惑星科学は大きく発展し，研究内容も大きく変貌しつつあります．先端の研究を進めるためには，マルチディシプリナリ，クロスディシプリナリな多分野融合的な研究の推進がいっそう求められています．このような研究を行うためには，それぞれのディシプリンについての基本知識，基本情報の習得が不可欠です．ディシプリンの理解なしにはマルチディシプリナリな，そしてクロスディシプリナリな研究は不可能です．それぞれの分野の基礎を習得し，それらへの深い理解をもつことが基本です．

　世の中には，多くの科学の書籍が出版されています．しかしながら，多くの書籍には最先端の成果が紹介されていますが，科学の進歩に伴って急速に時代遅れになり，専門書としての寿命が短い消耗品のような書籍が増えています．このシリーズでは，寿命の長い教科書を目指して，現代の最先端の成果を紹介しつつ，時代を超えて基本となる基礎的な内容を厳選して丁寧に説明しています．

　このシリーズは，学部2〜4年生から大学院修士課程を対象とする教科書，そして，専門分野を学び始めた学生が，大学院の入学試験などのために自習する際の参考書にもなるよう工夫されています．それぞれの学問分野の基礎，基本をできるだけ詳しく説明すること，それぞれの分野で厳選された基礎的な内容について触れ，日進月歩のこの分野においても長持ちする教科書となることを目指しています．すぐには古くならない基礎・基本を説明している，消耗品ではない座右の書籍を目指しています．

　さらに，地球惑星科学を学び始める学生・大学院生ばかりでなく，地球環境科学，天文学・宇宙科学，材料科学など，周辺分野を学ぶ学生・大学院生も対象とし，それぞれの分野の自習用の参考書として活用できる書籍を目指しました．また，大学教員が，学部や大学院において講義を行う際に活用できる書籍になることも期待致しております．地球惑星科学の分野の名著として，長く座右の書となることを願っております．

編集委員一同

序　文

　本書は，基本的に測地と津波に関する教科書であるが，測地の部分を測地学の基礎と，地震・津波の発生や予測に重要な地殻変動に分けて，全体を3部構成としている．

　第1部の測地学は藤本が担当し，地球科学の理解に必要と考えられる測地学の基礎的な事項を記述した．地球は，表層の大気や海洋も含めて，基本的に重力と釣り合った形と構造をしており，それぞれの層が熱対流している．地球は宇宙空間に対して回転しており，各層の熱対流と相まって複雑な変動を起こしている．その複雑な地球の重力場と形の時空間変化を調べるのが測地学であり，地球の各層の内部構造と運動を調べるのが地球物理学といえよう．このような観点から，第1部では固体地球を粘性の大きな流体として扱っているが，第2部では基本的に固体として扱っている．高精度な観測を特長とする測地学は，地殻変動だけでなく，地球システムの変動を捉えることができるという意味でも重要性を増している．

　第2部の地殻変動は三浦が担当し，まず，近年急速な発展を遂げている宇宙測地技術などの新しい測地観測手法について解説した．次に観測される諸現象の中から地震発生に伴う地殻変動を取り上げ，断層運動に伴う地殻変動の計算方法について記述した．媒質モデルについては，最も単純な半無限均質媒質について詳しく説明し，半無限成層構造媒質や球対称モデル，任意の不均質媒質に対応できる有限要素法については概略を述べた．最後に，観測される地殻変動の原因を推定するために必要な逆問題解析手法について解説し，それらによって得られたいくつかの最近の研究成果について述べた．

　第3部の津波は今村が担当し，海底の地殻・地盤変動により発生する津波について記述した．断層運動による発生機構のほか，地すべりや火山噴火に伴う現象について紹介し，さらに，津波の諸量を定義しながら波動運動としての特徴を述べた．深海から浅海への伝播さらには沿岸部への遡上までの過程を津波石や土砂の堆積・浸食などにもふれながら解説した．

本書は，基本的に理学および工学分野の3年生以上の学生を念頭に書かれている．予備知識としては，微分方程式や応力・歪などに関する基礎知識と熱力学の基礎概念だけで十分であるように記述した．本書では基本的にSI単位系を用いているが，重力に関する単位では，慣用的に用いられているCGS単位系のGal（ガル）を用いている．

　本書の執筆は，「現代地球科学入門シリーズ」の編集委員である長谷川 昭氏（東北大学）のお勧めによるものであり，全体の構成についてもコメントをいただいた．測地学の部では，佐藤忠弘氏（東北大学）と木戸元之氏（東北大学）に有益なコメントや図をいただいた．また磯 綾子氏には図の作成でお世話になった．地殻変動の部では，太田雄策氏（東北大学）に草稿を読んでいただいた．共立出版の信沢孝一氏と三輪直美氏には編集作業でたいへんお世話になった．ここに記して，以上の方々および出版社に深く感謝したい．

2013年1月

藤 本 博 己
東北大学災害科学国際研究所

三 浦 　 哲
東京大学地震研究所

今 村 文 彦
東北大学災害科学国際研究所

目 次

第1部 測 地

第1章 地球の形と重力　　3
- 1.1 丸い地球と重力　　3
  - 1.1.1 重　力　　3
  - 1.1.2 太陽系の中の地球　　4
  - 1.1.3 丸い地球　　4
- 1.2 楕円体の地球　　5
  - 1.2.1 緯度の定義と扁平率　　5
  - 1.2.2 流体地球の形と重力　　6
  - 1.2.3 重力ポテンシャルと重力　　8
- 1.3 測地基準座標系　　9
  - 1.3.1 測地座標系と時刻系　　10
  - 1.3.2 測地基準系 1967　　12
  - 1.3.3 測地基準系 1980　　15
- 1.4 ジオイド　　16
  - 1.4.1 ジオイド高と標高　　16
  - 1.4.2 重力のポテンシャル論　　19
- 参考文献　　21

第2章 重力からみる地球の構造　　23
- 2.1 重力場の測定　　23
  - 2.1.1 人工衛星を用いた測定　　23
  - 2.1.2 重力計を用いた測定　　26

目　次

　　2.2　重力異常 28
　　　　2.2.1　フリーエア異常 28
　　　　2.2.2　ブーゲー異常 29
　　　　2.2.3　ポテンシャル論による地下構造推定 35
　　　　2.2.4　マントルブーゲー異常 37
　　2.3　アイソスタシー 39
　　　　2.3.1　アイソスタシーという概念 39
　　　　2.3.2　アイソスタシーとフリーエア異常 41
　　　　2.3.3　アイソスタシーとブーゲー異常 44
　　参考文献 46

第3章　テクトニクスと重力異常　　49
　　3.1　固体地球の熱対流 49
　　　　3.1.1　固体地球からの熱の放出 49
　　　　3.1.2　マントルの熱対流の必然性 51
　　　　3.1.3　マントルの熱対流の特徴 52
　　　　3.1.4　半無限体の冷却モデル 54
　　　　3.1.5　海洋リソスフェアの成長と海底地形 56
　　3.2　プレートテクトニクス 59
　　　　3.2.1　プレートテクトニクス仮説の要点 59
　　　　3.2.2　大陸移動説およびプレートテクトニクス仮説の検証 ... 62
　　　　3.2.3　プレートとその運動の駆動力 64
　　3.3　プレート沈み込みのモデリング 66
　　参考文献 69

第4章　地球の変動現象と測地学　　74
　　4.1　潮　汐 74
　　4.2　地球回転 80
　　　　4.2.1　オイラーの運動方程式 80
　　　　4.2.2　歳差・章動 81
　　　　4.2.3　極　運　動 84

	4.2.4	自転角速度の変動	86
4.3	後氷期隆起		88
4.4	陸水と海洋の変動		90
参考文献			94

第2部　地殻変動

第5章　地殻変動観測　　101

5.1	GPS		101
	5.1.1	GPSの概要	101
	5.1.2	単独測位	103
	5.1.3	高精度測位	104
	5.1.4	GPS観測	109
5.2	干渉SAR		111
	5.2.1	SAR画像の作成	111
	5.2.2	画像マッチング	116
	5.2.3	干渉SARによる地殻変動の検出	116
	5.2.4	誤差要因	118
5.3	海底地殻変動		118
	5.3.1	GPS音響結合海底精密測位システム	119
	5.3.2	GPS/A観測とデータ解析	122
参考文献			124

第6章　静的変位場の理論　　126

6.1	均質半無限弾性体の変形		126
	6.1.1	点源の場合	127
	6.1.2	有限矩形断層の場合	129
6.2	半無限成層構造媒質における変形		131
6.3	球対称モデルにおける変形		133
	6.3.1	球座標系における静的力学	133

目 次

   6.3.2 点荷重による変形（荷重グリーン関数） 136
   6.3.3 点震源による変形 137
  6.4 三次元不均質媒質における変形 139
   6.4.1 二次元弾性変形問題の有限要素法 139
 参考文献 145

第7章　地殻変動のデータ解析　　　146
 7.1 インバージョン解析の基礎 146
 7.2 不均質断層すべり分布の推定 147
   7.2.1 地震時地殻変動 149
   7.2.2 余効すべりによる地震後地殻変動 150
   7.2.3 プレート間カップリングの空間分布 154
 参考文献 156

第3部　津　　波

第8章　津波の発生　　　161
 8.1 津波とは？ 161
 8.2 地震性津波の発生理論 162
 8.3 非地震性の津波——さまざまな現象による発生 165
 8.4 津波の諸量 166
 8.5 津波の規模と強度 171
 参考文献 172

第9章　海洋・沿岸での伝播　　　173
 9.1 波動理論（表面波理論） 173
 9.2 線形長波理論——波の変形，表面波との違い 176
 9.3 非線形性および分散性 178
 9.4 エネルギーの指向性 179
 9.5 外洋の津波伝播 181

- 9.6 散乱・屈折 182
- 9.7 浅水変形—津波が浅海で増加する理由 184
- 9.8 波状性段波と砕波 186
- 9.9 湾内の津波—共振現象 187
- 参考文献 188

第10章 陸上での挙動と関連現象　189

- 10.1 沿岸から陸域での津波挙動の特徴 189
- 10.2 戻り流れの強さ 191
- 10.3 波先端条件 192
- 10.4 抵 抗 則 194
- 10.5 植生の役割 196
- 10.6 流速と波力 198
- 10.7 津波強度と被害規模 199
- 10.8 土砂移動—浸食と堆積 201
- 10.9 津波石とその移動 201
- 10.10 津波データや津波堆積物データからの断層運動の推定 203
- 参考文献 205

索　引 **207**

欧文索引 **209**

コラム目次

コラム 1　　長さと質量の基準．．．．．．．．．．．．．．．．．．　13

コラム 2　　地熱発電．．．．．．．．．．．．．．．．．．．．．．．　51

コラム 3　　GPS 開発の歴史．．．．．．．．．．．．．．．．．．．．　103

第1部 測地

測地とは地球を測るという意味であり，その目的は，重力の下で進化してきた地球の現在の形と密度分布，およびそれらの変動を調べることである．この巻の第1部は測地というタイトルであるが，意図するところは固体地球物理学の基礎としての測地である．測地学という体系を理解するためには日本測地学会（2012）やWahr（1996）などを参照されたい．近年の理論と計測技術の進歩により，高精度な測地学的観測が可能になり，地球システムの変動メカニズムが解明されつつある．なお，地殻変動については第2部で述べる．

第1章 地球の形と重力

1.1 丸い地球と重力

1.1.1 重 力

　重力（gravity）の基本はニュートン（I. Newton）がその法則を発見した万有引力であり，地球の周囲における重さというのは地球に引っ張られる力である．よく知られているようにスペースシャトルの中はほぼ無重力の状態であるが，地球の引力がはたらいていないわけではない．実は，回転運動のように加速度を伴う運動をしていると，重力はその運動による加速度と万有引力の合力となる．スペースシャトルや人工衛星は，地球の周りを回転していることに伴う遠心力と地球の引力がつり合って無重力状態になっているのである．無重力状態で飛んでいる人工衛星が実は地球の重力場の観測に重要なはたらきをしていることは第2章で紹介する．自転の遠心力は回転半径に比例するので，その大きさは，地表では低緯度ほど大きいが，赤道付近でも地球の引力より2桁以上小さい．

　重力は多くの場合，重力加速度を示しており，**重力の単位**（unit of gravity）はSI単位系では$m\,s^{-2}$である．力は質量と加速度の積であるから，重力を単位質量にはたらく力と定義してもよい．この場合，単位は$N\,kg^{-1}$となる．自然科学の世界ではSI単位系が用いられているが，重力に関してだけは，歴史的先駆者ガリレオ・ガリレイ（Galileo Galilei）の名を記念し，例外的にCGS単位

系の Gal（ガル）が実用単位として用いられている．地球上の平均重力値は約 $9.8\,\mathrm{m\,s^{-2}}$ あるいは $9.8\,\mathrm{N\,kg^{-1}}$ であり，ガルで表すと $980\,\mathrm{Gal}$ である．$1\,\mathrm{Gal}$ は $1\,\mathrm{cm\,s^{-2}}$ あるいは $1\,\mathrm{dyne\,g^{-1}}$ であり，その 1,000 分の 1 である mGal は重力分布の単位として，そのまた 1,000 分の 1 である μGal は重力の時間変化の単位としてよく用いられる．

1.1.2 太陽系の中の地球

重力は惑星の誕生，そしてその後の進化に深く関わっている．太陽系の惑星は，円盤状に広がった太陽系のガス状星雲から，重力のはたらきにより次第に集積が進んで誕生したと考えられている．8つの惑星は，質量では太陽系全体の約 0.1% を占めるにすぎないが，角運動量では全体の 97% を担っている．各惑星はほぼ同じ軌道面上で，太陽を中心とするほぼ円形の軌道上にある．一時惑星に加えられた冥王星は，これらの点でも惑星に加えるのは不自然である．8つの惑星のうち，太陽に近い水星，金星，地球，火星は地球と同じように主に岩石と鉄からできており，地球型惑星とよばれている．このうちで地球が最も大きく，質量で比較すると，金星は地球の約 8 割，火星は約 10 分の 1，水星は約 20 分の 1 である．外側の木星，土星，天王星，海王星は，質量は大きいが比較的低密度のガス状の惑星であり，木星が最も大きいので木星型惑星とよばれている．木星の公転軌道半径は地球の約 5 倍，質量は約 320 倍もあり，太陽系惑星の角運動量の大部分は木星型惑星が担っている．

惑星地球の特徴は，固体部分が熱対流していること，水に覆われた惑星であることが挙げられる．宇宙にはそのような惑星が数多くあると思われるが，それらが相まって，40 億年以上にわたって生命を育み，高度な知的生命体を生み出したという点では，地球は奇跡の惑星といえる．地球の質量の約 80 分の 1 という例外的に大きな月という衛星をもつことも特徴のひとつである．

1.1.3 丸い地球

重力のはたらきで形成された地球の形は，第一次近似としては球である．地球の形が球状であることはギリシャ時代から知られていた．アリストテレスの哲学は後にキリスト教と結びついてドグマ化し，科学史における中世の暗黒時代をもたらしたが，彼自身は体系的な哲学と論理学を発展させるとともに，物

理学，宇宙論，生物学など多くの分野で研究を行った．地球の形についても触れており，月食は地球の影であることなど，いろいろな観測事実から，地球が球形でありしかもそれほど大きくないと述べている．エラトステネスが太陽の高度を測る方法で BC 220 年に地球の大きさを測ったことはよく知られている．

　地球の形はほぼ回転楕円体であるが，実は正確な球にかなり近いということは理解しておく必要がある．地球と同じ体積の球と比べると，地球の半径は赤道で約 14 km 長く，極で約 7 km 短い．直径 1 m に縮めたとすると，赤道方向の半径は球と比べて約 1 mm 長いだけである．地球内部の構造や運動を調べる場合，その自転の遠心力が問題にならないかぎり，地球を球として扱っても普通は問題にならない．

1.2　楕円体の地球

1.2.1　緯度の定義と扁平率

　地球の形は第二次近似としては回転楕円体である．地球の形状に合うように決められた回転楕円体を地球楕円体というが，そのうちで測地学において基準とするものを**正規楕円体**（normal ellipsoid）という（1.3.2 項参照）．楕円体になると話がすこし複雑になるので，まず基本的な言葉の定義をしておきたい．地球上の流体は重力ポテンシャルの低い方へ流れるから，流体の表面は重力の等ポテンシャル面，つまり重力の位置エネルギーが等しい面である．重力は流体の表面に垂直であり，流体の表面を水平といい，重力の方向を鉛直という．飛行場の滑走路は，水たまりができないように水平な曲面となっており，平面ではない．地球が自転せず，海水も静止していれば海面は球面になるが，地球は自転しているので，その遠心力によって海面はほぼ回転楕円体になる．図 1.1 に示すように，重力 g は，地球の引力 g_a と自転の遠心力 g_c のベクトル和である．球以外の回転楕円体においては，極と赤道を除けば，表面に垂直な線（鉛直すなわち重力の向き）は地球の中心を通らない．この線と地球の赤道面とのなす角度は普段用いている緯度であり，測地学では**地理緯度**（geographic latitude，あるいは測地緯度）とよび，以後 φ と表記する．この角度は，自転軸と地平線とのなす角と同じであり，近似的には，自転軸に近い北極星の地平線からの高度と等

5

第 1 章 地球の形と重力

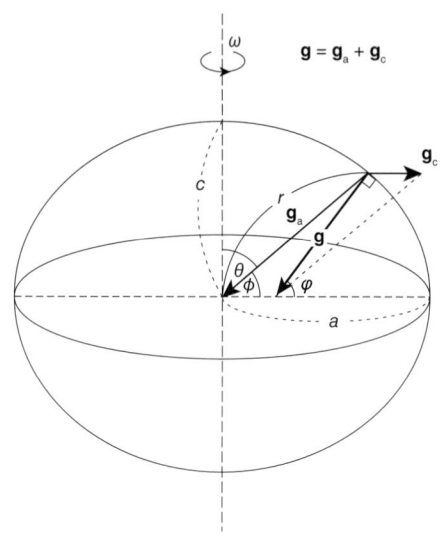

図 1.1 地球の形と重力の概念図

しい．一方，回転楕円体上の点と地球の中心を結ぶ線が赤道面となす角度を測地学では**地心緯度**（geocentric latitude）とよび，以後 ϕ と表記する．地球の赤道半径を a，極半径を c とすると，地球の**扁平率**（flattening）f は $f = (a-c)/a$ と定義され，2 つの緯度には次の関係がある（萩原・海津，1994）．

$$a^2 \tan\phi = c^2 \tan\varphi \tag{1.1}$$

1.2.2 流体地球の形と重力

地球がかなり正確な球であるので，ギリシャ時代以来長い間地球は完全な球形であると考えられていた．地球が回転楕円体であることが認識されたのは 17 世紀の後半である．このころ地球の内部はマグマのような状態であると考えられていたので，地球は流体として振る舞うと推定されており，地球の扁平度が問題となった．

オランダのホイヘンス（C. Huygens）は，問題を簡単にするために，全質量が中心に集まっている流体の回転平衡を解析的に求め，扁平率 1/587 を求めた．英国のニュートンはその対極となる密度一様という条件で，地球の表面が等ポ

テンシャル面となると仮定して扁平率を求め，1/231 という値を得た（詳しくは，坪井，1979）．フランスのクレロー（A. C. Clairaut）は，地球の形は回転楕円体に近いとしたが，地球内部の密度の深さ分布には仮定を設けず，重力ポテンシャルを計算し，地球の形と重力の関係を示す**クレローの定理**（Clairaut's theorem）を導出した．地球が回転楕円体に近い形であり，地球の扁平率は小さいとしてその高次項を省略すると，地心緯度 ϕ にある点と地球の中心との距離 r_ϕ およびその点における重力 g_ϕ は，以下の近似式で表すことができる．

$$r_\phi = a(1 - f\sin^2\phi) \tag{1.2}$$

$$g_\phi = g_\mathrm{e}(1 + \beta\sin^2\phi) \tag{1.3}$$

ただし，a は赤道半径，g_e は赤道における重力，f は地球の扁平率，β は重力扁平度である．極半径を c，極における重力を g_p とすると，$f = (a-c)/a$，$\beta = (g_\mathrm{p} - g_\mathrm{e})/g_\mathrm{e}$ である．ここで f と β の間に次の関係が成り立つというのがクレローの定理である．

$$f = \frac{5a\omega^2}{2g_\mathrm{e}} - \beta \tag{1.4}$$

ω は自転の角速度であり，右辺第 1 項中の $a\omega^2/g_\mathrm{e}$ は，赤道における重力に占める自転の遠心力の割合で，およそ 0.00345 である．この定理から，緯度による重力変化の係数から，あるいは赤道と極の重力値から地球の扁平率を求めることができる．逆に，地球の扁平率がわかれば，緯度による重力変化を知ることができる．

その当時，振子の周期を測定する重力測定（2.1.2 項参照）の精度は良くなかったが，同じ振子を用いれば，2 つの観測点における重力の比は周期の比の 2 乗に反比例するので，2 点の重力の比は測定できたはずである．しかし解釈が混乱したためか，この手法は重要視されなかった（たとえば，藤本・友田（2000）参照）．現在の知識では，地球の引力の大きさは，基本的には地球の中心までの距離 r_ϕ に依存しており，地球楕円体の赤道では極より約 1.8 Gal 小さい．極ではゼロとなる自転の遠心力が赤道では約 3.4 Gal である．引力の差と合わせると，赤道の重力は極より約 5.2 Gal 小さい．これらの値から計算すると，クレローの定理で示した重力扁平度 β は約 1/188.6 であり，地球の扁平率 f は 1/301.0 となる．最近では人工衛星を用いた観測により地球の形を精密に測定すること

ができるようになり，扁平率は 1/298.257 と求められている．この値は，クレローの式から求めた値にほぼ等しく，クレローの定理がかなりよい近似で成立していることがわかる．またその値は，ホイヘンスとニュートンによる 2 つの両極端の推定値の中間の値となっており，地球の内部ほど高密度となっていることを示している．

　ニュートンの時代に地球の形を決めるために用いられた方法は，楕円体の子午線（同じ経度の線）の弧長が緯度によって変わることを利用していた．カッシーニ（Cassini）父子は精度が向上した三角測量によりフランスの精密な地図の作成に取り組んでいたが，子午線の弧長の変化から，地球の形は扁平な楕円ではなく極方向に長いという予想外の結果を出し，ニュートンと論争になった．そこでフランス学士院はこの問題に決着をつけるために，高緯度のスカンジナビア半島北部と低緯度の南米ペルーに測量隊を派遣し，ペルーでは 1744 年まで約 10 年にもわたる観測を行い，地球は扁平な楕円であることを確認した．

1.2.3　重力ポテンシャルと重力

　ニュートンの万有引力の法則は，2 つの天体のような質点系では大成功を収めたが，連続体の引力を求めるためには数学的な手法の開発が必要であった．その問題に大きな貢献があったのはラグランジュ（J. L. Lagrange）であり，作用する物体の微小部分の引力の総和，つまり積分に関する一般式を求め，三次元の計算のために極座標を導入した．ラプラス（P. S. Laplace）はラグランジュの式を初めて連続体に適用し，3 軸の回転楕円体が，その外部にある 1 点に及ぼす引力を求め，懸案の問題を解決した．

　地球の重力を定量的に調べるためには，**重力ポテンシャル**（gravity potential）を使うとなにかと便利である．重力ポテンシャルは，古典力学でいうポテンシャル・エネルギーであり，加法性があり，場所だけの関数である．すでに述べたように，重力は引力と遠心力の合力であるから，引力ポテンシャルと遠心力のポテンシャルの和が重力ポテンシャルとなる．力学では，ポテンシャル・エネルギーの鉛直微分を力とよび，重力ポテンシャルの鉛直微分は重力となる．上述のラプラスは重力のポテンシャル論の基礎となるラプラスの方程式を導出した．その式とその応用については次節で述べる．

　ここでは簡単のために，クレローが仮定したように，地球は回転楕円体であ

り，内部の密度分布も回転対称であるとして，重力ポテンシャルと重力の式を示しておく．なお，これから取り扱うのは静的な重力の問題であるので，重力の符号が正となるように，ポテンシャルの符号を普通の力学の教科書とは逆にとることにする．すると，自転軸の周りに回転している地球楕円体の上にあって，一緒に回転している点における重力ポテンシャル W は，地心緯度 ϕ を用いて，以下の式で近似できる（坪井，1979）．

$$W(r,\phi) = \frac{GM}{r} - \frac{GMa^2 J_2}{2r^3}(3\sin^2\phi - 1) + \frac{1}{2}\omega^2 r^2 \cos^2\phi \tag{1.5}$$

第1項は球体の地球の引力に関するポテンシャルであり，G は**万有引力定数**（gravitational constant），M は地球の質量，r は地球中心からの距離である．第2項はそれに対する楕円体の補正，第3項は自転の遠心力に関するポテンシャルである．この式で示されるように，地球楕円体の形状およびその重力場は，地球の赤道半径 a，地心引力定数 GM，力学的形状要素 J_2，および自転角速度 ω という4つの基本定数で決まる．J_2 は，地球の重力場をルジャンドル（Legendre）関数により球関数展開したときの2次の係数であり，重力場の扁平度を示しており，地球の形状の扁平率 f とは近似的に以下の関係がある．

$$f = \frac{3}{2}J_2 + \frac{1}{2}\frac{\omega^2 a^3}{GM} = \frac{3}{2}J_2 + \frac{1}{2}\frac{\omega^2 a}{g_e} \tag{1.6}$$

各パラメータの値は次項で示すが，それらの値を用いて，基準とする楕円体上にある点の r と ϕ を上記の重力ポテンシャルの (1.5) 式に代入すると，ϕ を変えてもポテンシャルの値は5桁以上で一定の値となり，確かに地球楕円体が重力の等ポテンシャル面になっていること，および (1.5) 式はかなり精度のよい近似であることを確認できる．

重力 $g(r,\phi)$ は，重力ポテンシャルの鉛直微分であるが，8桁程度の精度では，地球中心の動径 r による微分で近似できる．

$$g(r,\phi) = -\frac{\partial W}{\partial r} = \frac{GM}{r^2} - \frac{3GMa^2 J_2}{2r^4}(3\sin^2\phi - 1) - \omega^2 r \cos^2\phi \tag{1.7}$$

1.3　測地基準座標系

高度 20,200 km の上空を飛ぶナブスター衛星を使った **GPS**（Global Positioning System, 詳しくは第2部 5.1 節参照）の登場で，地表の cm オーダーの動き

を毎日観測できるようになり，測地のみならずマントル対流を含む地球のダイナミックスの研究を飛躍的に進展させた．1 cm で地上の動きを決めるには，衛星の軌道を 1 cm の精度（$1\,\mathrm{cm}/20{,}200\,\mathrm{km} = 5 \times 10^{-10}$ の精度）で決定できている必要がある．それが可能になったのは，衛星の軌道を記述する座標系の精度が飛躍的に向上したことによる．その背景には計測技術の進歩とともに，地球の運動の理論・観測が進歩したことがある．最近では，座標系の中心である，地球の重心の cm オーダーの動き（主に年周変化）も議論できるようになっている．

1.3.1 測地座標系と時刻系

　測地学も地球物理学もその基礎は物理学であり，すべての観測量は三次元の位置と時間の関数である．まずは座標系と時間の原点を定義する必要がある．時間という言葉には 2 つの意味があり紛らわしいので，以後「物事が起きたとき」という意味では時刻，「時間の経過」という意味では時間と表記する．時刻も座標系も基本的には自転する地球に準拠してきたが，精密に測定すると地球の回転運動は複雑である．したがって精密な時刻・座標系を保持するためには，第 4 章で述べる地球回転などの影響を考慮することが不可欠であるが，以下では基礎的なことを示す．相対論の影響も含めた詳しい説明は福島（1994）を参照されたい．

　座標軸の固定の仕方は基本的に 2 種類ある．ひとつは宇宙空間に固定されたものであり，もうひとつは地球に固定されたものである．1991 年の国際測地学・地球物理学連合（International Union of Geodesy and Geophysics, IUGG）の決議に基づき，国際地球回転・基準系事業（International Earth Rotation and Reference Systems Service, IERS）が 1989 年 1 月から**天文座標系**（international celestial reference frame, ICRF）と**地球座標系**（international terrestrial reference frame, ITRF）の公表・改良の事業を進めている．正確には電波星あるいは観測点の座標をまとめたものが ICRF，ITRF であり，それに基づいて決められた座標系を ICRS，ITRS とよぶ（詳しくは IERS のホームページ参照）．

　天文座標系は，太陽系の重心を原点とする宇宙空間に固定された三次元直交座標系であり，十分遠い天体の方向は不変であるという指導原理のもとに，宇宙の電波星からの電波を用いた VLBI（very long baseline interferometry, 超長

基線電波干渉測位）観測に基づいて決められる．2010年の時点では608個の電波星の位置を基準としている．地球の自転軸は変動しているので，ICRFでは平均太陽時（UT1）の2000年1月1日正午における地球の自転軸の方向をZ軸，春分点の方向をX軸と定めている．

地球座標系ITRFは，地球の自転とともに回転する三次元直交座標系であり，その原点は地球の重心である．地球の中心としては，SLR（satellite laser ranging，人工衛星レーザー測距）の観測から求められる大気を含めた地球の重心と，VLBIの観測から求められる固体地球の幾何学的な中心という2つの基準がある．SLRとVLBIの観測点は限られているので，観測点の多いGPSは両者の観測を結合する役割も果たしている．その2種類の観測による地球の赤道半径は5mも異なるので，地球の中心を精密に決めるということはそれほど簡単ではないが，初期のITRF92でも両者の差は1cm以下である．

ITRFの座標軸は，地球の平均的な自転軸をZ軸とし，およそ50観測局の平均経度から求めたグリニッジ子午面を経度原点，それと赤道面の交線をX軸と定めている．プレート運動の影響を補正するために，地球の表面全体として回転のないNNR-NUVEL1Aのプレート運動モデル（DeMets et $al.$, 1994）を採用している．GPSなどの位置は三次元直交座標で観測され，正規楕円体に基づいて，緯度，経度，楕円体からの高さに変換される．

ITRFはVLBI，SLR，GPSなどの観測を統合して求められ，観測の高精度化に伴い，順次改定されてきた．2002年4月に日本の測地系は世界測地系に移行したが，その枠組みはITRF94と1.3.3項で説明する測地基準系GRS80の座標系であった．国土地理院のGPS観測網GEONETの2009年4月以降の測位解F3はITRF2005とGRS80に準拠している．

時間の尺度は，歴史的には地球の自転から求められる1日の長さであったが，物理計測の進歩により，現在ではセシウム原子時計がその役割を果たしている．4.1節で示すように海洋潮汐に伴う海水と海底の摩擦などにより地球の自転速度はゆっくりと低下しており，原子時計による時間との間に無視できない差が生ずる．その差はIERSにより監視されており，基準となる時刻である世界時として，以下のような種類の時刻系が使われている（詳しくは，福島，1994）．

(1) 国際原子時（international atomic time, TAI）：セシウム原子時計に基づく

第 1 章 地球の形と重力

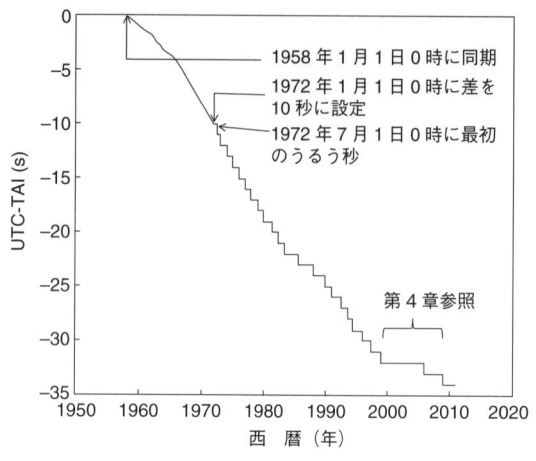

図 1.2 国際原子時と時刻

きわめて安定した時刻系であり，1958年1月1日0時0分0秒に平均太陽時と同期をとった．GPS の時計は TAI に準拠しているが，正確に9秒進んでいる．

(2) **平均太陽時**（universal time, UT1）：地球の自転に準拠した世界時である．歴史的には太陽の観測から求めていたが，最近は VLBI による恒星の観測により 0.1 ms の精度で求めた恒星時から算出している．恒星時には 0.01 秒のオーダーで地球回転の影響が現れるので，観測された恒星時を UT0 とし，これに第4章で述べる極運動の修正を加えた UT1 を用いている．

(3) **協定世界時**（coordinated universal time, UTC）：TAI にうるう秒の調整をして，UT1 と 0.9 秒以内で合うようにしている時刻である（図 1.2）．うるう秒挿入の有無は IERS が半年ごとに決定する．UTC は世界各国の標準時の基準となっており，以前はグリニッジ標準時（GMT）とよばれていた（世界各地の標準時と世界時の差は理科年表の暦部などを参照）．

1.3.2 測地基準系 1967

前節の地球座標系により地球の重心を原点とする座標系における位置は決定できるが，一般には緯度，経度，標高という表し方で位置が決められているの

で，地球表層を基準とした座標系を記述する基礎となる測地基準系が必要である．この項と次項でその改定に関する比較的最近の歴史を概観する．なお，中川（1994）により各種測地基準系が詳しく解説されているので，それも参照されたい．

1.4節で述べるように実際の地球の形は複雑なので，測地学では地球の形状と重力分布に最も近い回転楕円体を採用し，正規楕円体とよび，重力や測位の国際的な基準にしている．正規楕円体は重力の等ポテンシャル面であるという点が重要である．地球の重力場の基準として広く用いられていたのは，**測地基準系 1967**（Geodetic Reference System 1967, GRS67）とよばれている．それは 1964 年の国際天文学連合（International Astronomical Union, IAU）の第 12 回総会で

コラム1　長さと質量の基準

物理量の単位としては，基本的に1954年の第10回国際度量衡総会で決定された国際単位系（略称SI単位はフランス語から．英語ではThe International System of Units）を用いている．物理計測の精度向上に伴い，その基本となるメートルとキログラムの定義が，国際原器から物理計測に変わりつつある．

地球の大きさで最もよく知られているのは，極から赤道までの距離1万kmであろう．地球はかなり正確な球であるから，その平均半径約6,370 kmは，覚えなくても，1周4万kmを2πで割れば求まる．極から赤道までの距離の1千万分の1を長さの単位メートルの基準とすることは，フランス革命後の1791年にフランスの国会で決められ，その後長い時間をかけて世界に広まった．メートル条約は1875年に結ばれ，日本は1885年に参加したが，米国，ミャンマー，リベリアの3カ国はいまだに加入していないという．楕円体の地球のモデル，およびフランスとスペインにおける子午線長測定に基づいて，1799年には最初のメートル原器が作られた．1889年以降は，国際メートル原器によって単位の大きさを定義することになり，1983年以降は，光が真空中で1秒間に進む距離の1/299 792 458を1mとしている（たとえば，国立天文台，2009）．GPSなど現在の測地観測では，光や電波が伝播する時間を計測して距離を求めているので，この長さの定義はその基礎となっている．

質量の単位は，1790年に4℃における蒸留水1Lの質量と決められ，1889年以降は，国際キログラム原器を1kgの基準とすることになっていたが，日本の産業技術総合研究所などが進めている，物体の原子の数から重さを決める方法を採用することが2011年10月の国際度量衡総会で採択された．

第 1 章 地球の形と重力

採用された新しい天文定数系に基づき，IUGG と国際測地学協会（International Association of Geodesy, IAG）の 1967 年第 14 回総会および 1971 年第 15 回総会で測地基準系として採択されたものであり，その基本的な 4 つの定数は以下のように決められている．

  赤道半径 $a = 6,378,160$ m
  地心引力定数 $GM = 3.986\ 03 \times 10^{14}$ m^3 s^{-2}
  力学的形状要素 $J_2 = 0.001\ 082\ 7$ ($f = 1/298.247$)
  自転角速度 $\omega = 7.292\ 115\ 146\ 7 \times 10^{-5}$ rad s^{-1}

前節の (1.7) 式に示すように，上記の 4 つの定数により，等ポテンシャル楕円体上での重力は，地球内部の密度分布を仮定することなしに，一義的に定められる．この重力値は重力異常を求めるときの標準値であり，**正規重力**（normal gravity）といい，以後 γ と表記する．地理緯度 φ における正規重力をチェビシェフ（Chebyshev）近似で表すと，

$$\gamma = 978.031\ 85\,(1 + 0.005\ 278\ 895\ \sin^2\varphi + 0.000\ 023\ 462\ \sin^4\varphi) \quad \text{(Gal)} \tag{1.8}$$

この式は (1.7) 式に高次の項を加えたものである．これは重力式 1967（Gravity Formula 1967）とよばれており，その誤差は 0.004 mGal より小さい．従来から使用されている展開式で表すと，

$$\gamma = 978.031\ 8(1 + 0.005\ 302\ 4\sin^2\varphi + 0.000\ 005\ 9\sin^2 2\varphi) \quad \text{(Gal)} \tag{1.9}$$

となる．それまで地球上の重力値は，ドイツのポツダムにおいて振子を用いて測定された値を基準としていたが，その測定値に約 14 mGal の誤差があることがわかった（Woollard, 1979）．(1.9) 式の誤差は 0.1 mGal とやや大きいが，それまで使われていた国際重力式 1930 と同じ形をしており，以下の式を用いて，古い式に基づいた重力異常を新しい式に基づく重力異常に変換できる．

$$\gamma_{1967} - \gamma_{1930} = -17.2 + 13.6\sin^2\varphi \quad \text{(mGal)} \tag{1.10}$$

なお，測地基準系 1967 の基礎となった地球の質量は人工衛星の測定によるものであり，大気を含んでいる．そのためこれらの正規重力の式を用いて重力異常を計算するときは，近似的に下式で表される大気補正 Δg_A を重力異常値に加え

る必要がある．

$$\Delta g_{\mathrm{A}} = 0.87 - 0.000\ 0965 H \quad (\mathrm{mGal}) \tag{1.11}$$

ここで H は測定点の標高（単位は m）である．

2.1 節で述べるように，重力測定には，物体が落下する加速度を実測して重力加速度を求める絶対測定と，スプリング式重力計などを用いて重力値の差を測定する相対測定がある．相対測定では，基準となる重力点が必要であるので，測地基準系 1967 に基づいて，重力の絶対測定や相対測定の結果をまとめて，世界中の 494 都市における 1,854 点からなる国際重力基準網 1971（IGSN71）と，国内 122 点からなる**日本重力基準網 1975**（Japan Gravity Standardization Net 1975, JGSN75）がまとめられた（国土地理院，1976）．重力値の精度はいずれも，絶対値で ±0.1 mGal 以上とされている．国内ではその後全国 29 点の絶対重力測定結果を取り入れ，国内 201 点からなる一等重力基準網 JGSN2010 がまとめられた（本田，2010）．その精度は JGSN75 より 1 桁良い 0.01 mGal とされている．

なお，IGSN71 をまとめるときに，重力測定の結果に，4.1 節で述べる月や太陽によって生じる潮汐の永久変形を含ませていた．しかし潮汐の永久変形は簡潔な方法で求められるので，1979 年の IUGG/IAG の総会で，潮汐の影響はすべての測地学的な測定から完全に除外することが決議された．これに伴い，IGSN 71 および JGSN 75 の重力値に以下の値を加える必要が生じた（中川，1994）．

$$\Delta g_{\mathrm{S}} = 0.037(1 - 3\sin^2 \varphi) \quad (\mathrm{mGal}) \tag{1.12}$$

1.3.3　測地基準系 1980

測地基準系 1967 は広く使用されてきたが，次節に示す人工衛星や宇宙からの電波を用いた宇宙測地学の進展により測地定数の数値はその後もますます精度よく決定されていき，次第に時代遅れとなっていった．そこで IUGG/IAG は，1979 年の第 17 回総会において，測地基準系 1967 を新しい**測地基準系 1980**（Geodetic Reference System 1980, GRS80）に置き換えることを決定した．グローバルな測位システムである GPS などではこれを採用しており，日本の測地系もこの測地基準系に準拠している．その基本となる 4 つの定数を以下に示す．

赤道半径　　　$a = 6,378,137$ m

地心引力定数　　　$GM = 3.986\,005 \times 10^{14}\,\mathrm{m^3\,s^{-2}}$
力学的形状要素　　$J_2 = 0.001\,082\,63$　　$(f = 1/298.257)$
自転角速度　　　　$\omega = 7.292\,115 \times 10^{-5}\,\mathrm{rad\,s^{-1}}$

これに伴い，正規重力式1980（Gravity Formula 1980）は

$$\gamma = 978.032\,677\,15(1 + 0.005\,279\,041\,4\sin^2\varphi + 0.000\,023\,271\,8\sin^4\varphi$$
$$+ 0.000\,000\,126\,2\sin^6\varphi + 0.000\,000\,000\,7\sin^8\varphi) \quad \text{(Gal)} \quad (1.13)$$

となる．この式の誤差は $0.000\,1\,\mathrm{mGal}$ より小さい．従来から使用されている展開式で表すと，

$$\gamma = 978.032\,7(1 + 0.005\,302\,4\sin^2\varphi + 0.000\,005\,8\sin^2 2\varphi) \quad \text{(Gal)} \quad (1.14)$$

となる．その精度は $0.1\,\mathrm{mGal}$ である．ただし，実際の重力測定は，測地基準網 1967 に基づいた IGSN71 および JGSN75 に基づいて行われていることが多く，その場合は，重力式 1967 ((1.8) 式) を用いる必要がある．2 つの式の差は，緯度 35 度で $0.86\,\mathrm{mGal}$ 程度であるが，精密な重力異常を求める場合は，その重力値がどのような重力基準網に準拠しているのかを確かめる必要がある．

1.4　ジオイド

1.4.1　ジオイド高と標高

　地球の形の第三次近似はジオイド（geoid）である．前節で紹介した地球楕円体は単純化した地球の形であるが，ジオイドはより実際の形状に近い地球の形である．地球の表面の約 7 割は海であり，潮汐や流れの影響がない海面は重力の等ポテンシャル面であるので，測地学で扱う地球の形として最適である．そこで測地学では，平均海面に一致する，地球を包み込む等ポテンシャル面を想定し，これを地球の形とし，ジオイドとよんでいる．問題は陸域であるが，海につながる運河を掘ったと想定し，その運河の水面をジオイドとする．

　図 1.3 に示すように，正規楕円体からのジオイドの起伏（楕円体に垂直な線に沿って計測）を**ジオイド高**（geoid height）という．そして同じ線に沿ってジオイドから測った地表の高さを**標高**（elevation）という．これは簡単のために測地学的にはやや厳密さを欠いた表現であるが，地球物理学的には問題ない（詳

1.4 ジオイド

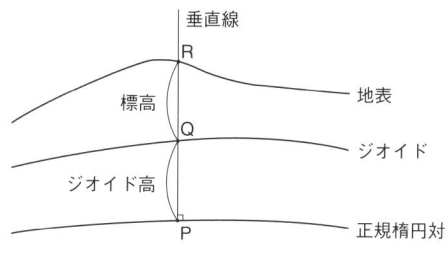

図 1.3　ジオイド高と標高を示す概念図

しくは萩原（1978）や萩原・海津（1994）を参照されたい）．日本では東京湾の平均海面を基準とした海面からの高さを標高と定めており，第 2 部で述べる水準測量により国土地理院が求めている．少し詳しく述べると，標高は平均海面からの高さであり，水深は海洋潮汐に伴う最低水面からの深さである．海岸近くの水深は船の運航に重要であることを配慮した取決めである．最近の地殻変動観測の主たる部分を担っている GPS の測位では，正規楕円体からの高さ（標高とジオイド高の和）が求まるので，標高が測定されればジオイド高を求めることができる．また一方でジオイドは重力分布から求めることもできる．国土地理院ではこのような観測を統合し，日本周辺の精密なジオイド分布（日本のジオイド 2000）を求めている（安藤ほか，2002）．

　グローバルなジオイド高の分布を図 1.4 に示す．全球重力モデル EGM96（Lemoine *et al.*, 1996）の結果を用いたが，最新の EGM2008（Pavlis *et al.*, 2008）を用いても，このような図ではほとんど差はない．顕著な起伏は，インド半島南端部付近の 100 m あまりの窪みと，ニューギニア付近の 70 m あまりの膨らみである．地球の半径約 6,370 km に対してたかだか 100 m の起伏であるから，地球の形は回転楕円体にきわめて近く，それからの起伏が小さいことがわかる．次節で説明するように，ジオイドの窪みは長波長の負の重力異常，膨らみは正の重力異常に対応しており，地球の内部構造や運動を反映している．インド半島南端部付近の窪みの起源についてはまだ定説はないが，北上してきたインド大陸がユーラシア大陸に衝突して大きな応力を受けているので，インド大陸の南側で新たな沈み込みの準備が始まっていると解釈することもできる．ニューギニア付近の膨らみについては，沈み込んだ高密度のスラブが蓄積して

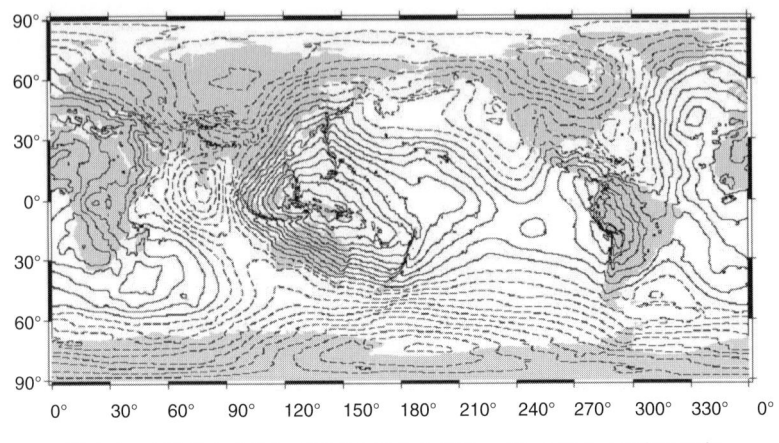

図 1.4　全球重力モデル EGM96 によるグローバルなジオイド高の分布

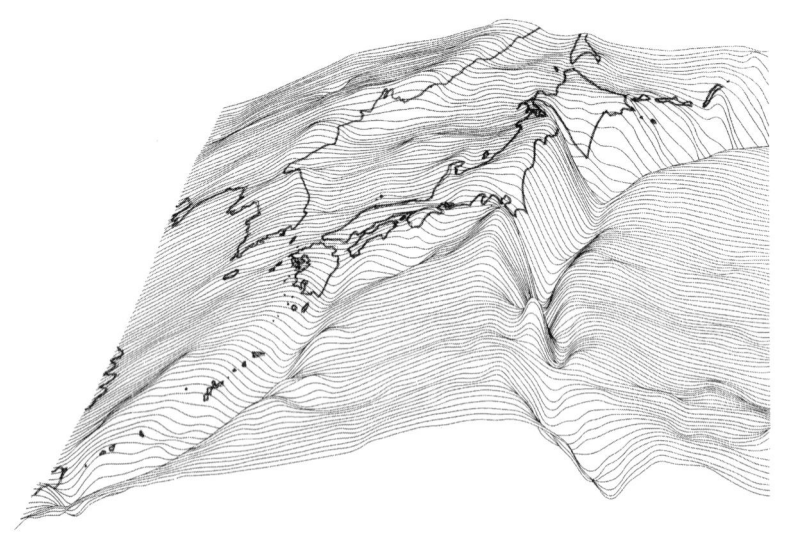

図 1.5　日本周辺のジオイド高の分布

いるためであると解釈されている．環太平洋の沈み込み帯では，継続期間の差はあるが，スラブが沈み込んでおり，一般的にジオイドの膨らみが見られる．

　日本周辺のジオイド高の分布を強調した図を，図 1.5 に示す．この図の範囲におけるジオイドの起伏は数十 m であり，島弧に沿った膨らみのほか，海溝に

1.4 ジオイド

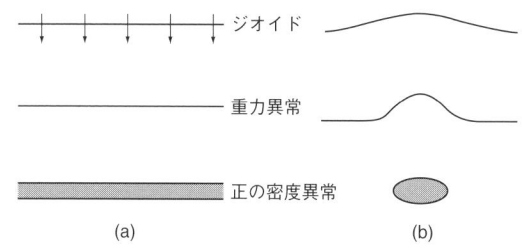

図 1.6 重力異常とジオイドの起伏の概念図
(a) 地下の密度異常が一様なとき，(b) 局所的に正の密度異常があるとき．

伴う窪みと島弧や海山に伴う膨らみが顕著である．この特徴は重力異常と同じである．このことは図 1.6 のように考えれば納得できるが，正確には次節で紹介するポテンシャル論で説明できる．

1.4.2 重力のポテンシャル論

1.2.2 項で示したように，回転楕円体の地球においては，地球の形と重力は，一方が決まれば他方も決まるという関係にあった．ジオイドのように複雑な形状をした重力の等ポテンシャル面と重力の関係を調べるために，重力ポテンシャルの性質を調べよう．

直交座標系におけるある点の重力ポテンシャルを $W(x,y,z)$ とするとき，そこに質量がない場合には，次のラプラス（Laplace）の方程式が成り立つ．その導出については，坪井（1979）などを参照されたい．

$$\frac{\partial^2 W}{\partial x^2} + \frac{\partial^2 W}{\partial y^2} + \frac{\partial^2 W}{\partial z^2} = 0 \tag{1.15}$$

この式は，重力のポテンシャル論（potential theory）の基礎であり，場所だけの関数である W の値はその周囲の値の平均値に等しいということを意味している．つまり，質量がないところでは W が最大や最小になることはないということである．たとえば座標の原点に質点 m があり，ほかには質量がない場合には，$r = \sqrt{x^2 + y^2 + z^2}$ として，

$$W = \frac{GM}{r}, \quad \frac{\partial W}{\partial x^2} = GM\left(\frac{1}{r^3} - \frac{3x^2}{r^5}\right), \cdots$$

となり，原点以外ではラプラスの方程式が成り立つことがわかる．

第 1 章 地球の形と重力

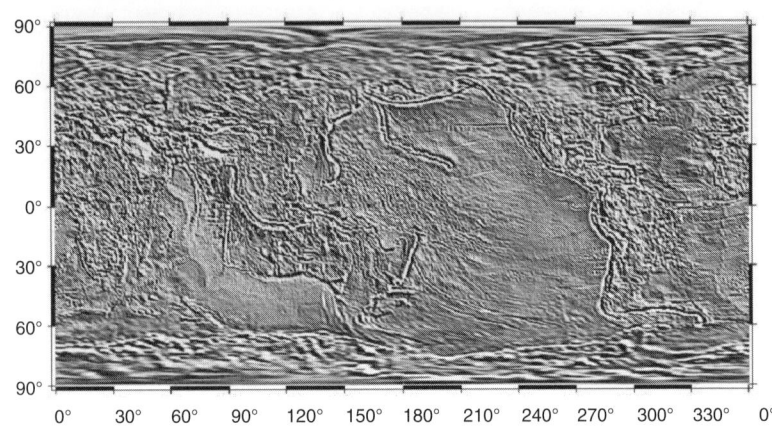

図 1.7 全球重力モデル EGM96 によるグローバルなフリーエア重力異常の分布を示した陰影図

先に述べたように，重力ポテンシャルには加法性があるので，その基となる質量に応じて重力ポテンシャルをいくつかに分けても，それぞれについてラプラスの方程式が成り立つ．そこで地球の密度構造を，地球の標準的な密度構造と，局所的な地下の密度異常に分けて，後者の密度異常について上記のラプラスの方程式の解を求めてみよう．地球の半径に比べて十分浅くかつ狭い範囲を想定して，重力の向きは近似的に一様とする．座標の原点をジオイド面上にある地表とし，鉛直上向きを Z 軸とすると，密度異常による重力ポテンシャル $\Delta W(x,y,z)$ の一般解は次式で与えられる（坪井, 1979）．

$$\Delta W(x,y,z) = \sum_m \sum_n A_{mn} \sin(mx+a) \sin(ny+b) \exp(-\sqrt{m^2+n^2}\,z) \tag{1.16}$$

重力は重力ポテンシャルの鉛直微分であるから，ΔW に対応する**重力異常**（gravity anomaly）Δg は次式で与えられる（重力異常については，2.2 節参照）．

$$\Delta g(x,y,z) = -\frac{\partial \Delta W(x,y,z)}{\partial z} = \sqrt{m^2+n^2}\,\Delta W(x,y,z) \tag{1.17}$$

いずれの式も，sin の項は (x,y) 平面内の分布を示し，exp の項は z に依存した減衰を示している．2 つの式から，地表付近にある局所的な密度異常による

ジオイド高と重力異常の分布は，振幅が異なるだけで同じパターンを示すことがわかる．2つの振幅を比べると，波数が大きいほど，つまり波長が短いほど，重力異常の振幅が大きくなる．地下のある密度異常に対して，重力異常は短波長成分が強調され，ジオイド高は長波長成分が強調される．

グローバルな重力異常（2.2.1項で述べるフリーエア異常）の分布の陰影図を図1.7に示す．図1.4に示したジオイドの分布と同じ全球重力モデルEGM96によるマップである．ジオイドの分布で顕著であった長波長の成分が見えず，短波長成分が卓越していることがわかる．

参考文献

[1] 安藤 久・佐々木正博ほか（2002）「日本のジオイド2000」の構築，国土地理院時報，**97**, 423-428.
[2] DeMets, C., Gordon, R. G., et al. (1994) Effect of recent revisions to the geomagnetic reversal time scale on estimates of current plate motions, *Geophys. Res. Lett.*, **21**, 2191-2194.
[3] 藤本博己・友田好文（2000）『重力からみる地球』，東京大学出版会．172p.
[4] 福島登志夫（1994）基準座標系，『現代測地学』（日本測地学会 編），第3章，pp.105-155，文献社．
[5] 萩原幸男（1978）『地球重力論』，共立出版．242p.
[6] 萩原幸男・海津 優（1994）測地学基礎論，『現代測地学』（日本測地学会 編），第1章，pp.1-37，文献社．
[7] 本田昌樹（2010）新しい日本重力基準網（JGSN2010）（仮称）の構築，日本地球惑星科学連合2012年大会，講演SGD002-1.
[8] 国土地理院（1976）日本重力基準網1975の設定，測地学会誌，**22**, 65-76.
[9] 国立天文台（編）（2009）『理科年表』，丸善出版．1,038p.
[10] Lemoine, F. G., Smith, D. E., et al. (1996) The development of the NASA GSFC and NIMA joint geopotential model, in "Gravity, Geoid and Marine Geodesy" (ed. Segawa, J., et al.), IAG Symp. Vol. 117, pp.461-469, Springer-Verlag.
[11] 中川一郎（1994）測地基準系，『現代測地学』（日本測地学会 編）付録A-1, pp.425-465，文献社．
[12] 日本測地学会(2012)測地学WEB版, http://www.geod.jpn.org/web-text/index.html
[13] Pavlis, N. K., Holmes, S. A., et al. (2008) An earth gravitational model to degree 2160: EGM2008, EGU 2008 Meeting, G3-1TH3O-002.

第 1 章　地球の形と重力

[14] 坪井忠二（1979）『重力』（第 2 版），岩波全書，岩波書店．174p.
[15] Wahr, J. M. (1996) "Geodesy and Gravity (Class Notes)", Samizdat Press. 291p., http://landau.mines.edu/~samizdat
[16] Woollard, G. P. (1979) The new gravity system: Changes in international gravity base values and anomaly values, *Geophysics*, **44**, 1352-1366.

第2章 重力からみる地球の構造

2.1 重力場の測定

2.1.1 人工衛星を用いた測定

　地球の重力分布を測定する方法は，人工衛星を用いたグローバルな測定と，重力計を用いたローカルな測定に大別できる．人工衛星を用いた**地球重力場**（gravity field of the Earth）の測定のはじまりは，地球の引力と衛星の回転運動の遠心力が釣り合った状態で飛行している人工衛星の軌道の解析である．古在由秀は人工衛星に搭載された発信機からの電波を受信して軌道を求め，地球の扁平率 1/298.25 を得るとともに，その形状が西洋梨形であることを見出し，この分野で先駆的な研究を行った（古在, 1973）．その後人工衛星レーザー測距（SLR）が実用化され，いろいろな高度や軌道にある人工衛星の軌道を精密に求めることができるようになり，地球の重心の位置や地心引力定数 GM（1.3.2 項参照）や，比較的低次の重力場を精密に測定する研究などが進められてきた．1976 年に打ち上げられた LAGEOS やその後継機では，小型で重い球状の衛星を 6,000 km という高い高度で飛行させることにより，地球の大気や太陽風の影響を抑え，長期間精密な測定が行われている．

　地上の SLR 追跡局の数は限られているので，人工衛星の軌道を連続的に追跡することはできなかったが，衛星に GPS 受信機を搭載することによりその問題が解決された．2000 年 7 月に打ち上げられた**重力衛星**（gravity satellite）

CHAMPにおいてその試みが成功し,以後の重力衛星でもこの方法が採用されている.CHAMPにより低次の地球重力場の精度が向上し,人工衛星の軌道決定精度が向上したことも重要である.

地球重力場の測定の空間分解能を上げるために重力勾配を測定する方法が開発された(たとえば,福田,2000).米国とドイツが共同で進めている本格的な重力の時間変動観測ミッション **GRACE**(Gravity Recovery and Climate Experiment)では,実用的な最低高度(300〜400 km)の同一軌道に約 220 km 離して2つの衛星を打ち上げ,衛星間の距離を精密に計測している.その距離変化から衛星軌道における速度分布が得られるので,その一階微分の加速度から重力勾配を求めている.GRACE 衛星は 2001 年に打ち上げられ,低次の球関数係数では $1\,\mu$Gal,また 130 次程度の高次でも $1\,$mGal 以上の精度で決定することを目指している.GRACE の威力は,打ち上げられてから3年足らずで,アマゾン河流域を含む全世界での年周陸水変動(河川+地下水)の様子を,約 400 km の空間分解能で,ジオイド換算で 2〜3 mm の精度で観測できた(Tapley *et al.*, 2004)ことに如実に現れている.この観測の特長は,広域の質量変化を高感度で捉えることができるという点にある.たとえば 2003 年の観測では,アマゾン河流域で 10 mm 程度の振幅のジオイド高の変化が観測されている.第4章で紹介するように,氷床の変動などについても主要な観測手段となっている.

GRACE による地球重力場の測定の空間分解能は 300 km 程度であるので,さらに空間分解能を上げた重力衛星 GOCE が打ち上げられた.人工衛星は基本的に無重力状態にあるので,その中で重力そのものを測ることはできないが,重力勾配を測ることはできる.重力がほぼゼロという利点を生かし,2つの加速度計により任意の方向の重力勾配を高精度に測ることができる.そこで6対の加速度計からなる重力偏差計を搭載し,重力ポテンシャルの6個の二階微分成分 $W_{xx}, W_{yy}, W_{zz}, W_{xy}, W_{yz}, W_{zx}$ を計測している(友田ほか,1985).これらを組み合わせると,地球重力場と大気の摩擦などによる加速度を分離することも可能となる.GOCE 以外の重力衛星においては,重力場以外の加速度を補正するための加速度計を搭載している.GOCE 衛星の高度は約 250 km であり,約2年間の観測により,空間スケール 100 km で,重力異常 1 mGal,ジオイド高 1 cm の精度のマッピングを目指している.この波長帯における重力異常の精度向上は,固体地球物理の研究に貢献するとともに,以下に述べる海面高の観測

2.1 重力場の測定

と合わせることにより,海洋学の研究にも重要な貢献をすると期待されている.

人工衛星を用いて重力分布を観測する別の方法は,人工衛星に搭載し,マイクロ波レーダーにより海面の凹凸を測定する**衛星高度計**(satellite altimeter)によるものである.海面高の観測結果には,ジオイドの起伏に潮汐や海流の影響が加わっているが,その影響は 1 m 程度であり,またその影響が大きい場所は比較的限られている.これに対してジオイドの起伏は 100 m にも達するので,海面高の観測によりグローバルなジオイドの分布が初めて明らかになった.その分布から,海域全域にわたって均一な精度で重力異常の分布が求められ,詳しい海底地形まで推定されて,数千にものぼる海山が発見された(たとえば,Sandwell and Smith, 1997).1975 年に打ち上げられた GEOS-3(衛星高度計の精度は約 50 cm)が最初の画期的な成果を出し,1978 年の SEASAT(精度約 10 cm)がこの観測手法を確立した.TOPEX-Poseidon や ERS などその後の衛星の観測も合わせて,全球の平均海面高を求める研究も進み,地球の温暖化に伴う海面上昇(最近は年間約 3 mm)も実測されている(詳しくは第 4 章参照).

潮汐の変動周期は精密にわかっているから,その影響はほぼ正確に分離することが可能である.代表的な**海洋潮汐**(ocean tide)モデルにおいては,主要 8 分潮について約 1 cm 程度の精度をもつことが確認されている(たとえば,Matsumoto et al., 2006).海流は地球の自転に伴うコリオリ力と釣り合って流れており,1 m 程度の海面の起伏を伴っているが,これまではジオイドの起伏と海流に伴う海面の起伏の分離は難しかった.GOCE によりジオイド高の分布が短波長成分まで測定されれば,海面高の観測と合わせて,海流の分布と流速を直接観測できるようになると期待されている.

重力衛星と海面高度計を用いた観測にはそれぞれ特徴がある.重力衛星は基本的に長波長成分の観測に適しており,海陸を区別することなく,GOCE では 100 km 程度,GRACE では 300 km 程度以上の長波長によってジオイドの分布を求めることを目指している.GRACE ではそれらの時間変動も捉えることができる(第 4 章参照).一方,海面高度計の観測は,ほぼ 100 km 以下の短波長成分の観測に適しており,海域に限られるが,全海域にわたる詳細な重力異常分布を求めることができる.またグローバルな海面変動を 1 mm オーダーで実測できるという利点もある.

2.1.2 重力計を用いた測定

重力計（gravimeter）を用いた重力測定は陸，海，空で行われている．初期の重力計は，振子の周期を測定して重力を求める装置であったが，現在では，重力に応じてばねが伸びることを利用して重力値の差を測定するスプリング式の相対重力計が用いられている（詳しくは，友田ほか，1985）．このタイプの重力計は主に野外調査に用いられており，既知の重力点を基準にして $10\sim30\,\mu$Gal の精度で測定点の重力値を求めることができる．陸上では，錘が真空中を自由落下する加速度を直接測定する絶対重力計も普及しており，多数の観測の平均をとることにより，$1\,\mu$Gal のオーダーで重力値を測定することが可能となっている．絶対重力測定は，国際重力基準網および各国の国内重力基準網の精度向上に貢献するとともに，地震や火山活動などに伴う重力の時間変化の研究でも重要となっている（たとえば，古屋ほか，2001）．

重力の時間変動の観測で重要なのは超伝導重力計である．スプリングの代わりにきわめて安定な超電導電流の磁場による磁気浮上で錘を支え，-269℃ という極低温ではきわめて高い S/N 比で計測できるという利点を活用し，錘の変位を超高感度に検出している．そのおかげで，年周の重力変動が，$0.1\,\mu$Gal の精度で観測値と理論値が合うところまできている（Sato et al., 2001）．

海域の重力測定は，動揺が小さい潜水艦に振子式の重力計を搭載することにより 1920 年代初頭に初めて成功し（Vening Meinesz, 1929），オランダからジャワ島に至る大洋を横断する重力測定およびジャワ海溝付近の測定が行われた．わが国の文部省（現 文部科学省）測地学委員会は，1930 年の IUGG 総会の決議を受けてこの装置を導入し，日本海溝付近の重力測定を行い，この海域の重力異常の概要を初めて明らかにした（Matuyama, 1934; 友田, 1983）．揺れる船の上における重力測定が実用化されたのは 1960 年代であり，スプリング式重力計（Graf and Schulze, 1961; LaCoste, 1967）や絃振動型の重力計（Tomoda and Kanamori, 1962）を鉛直に保持し，電子計算機を用いた数値フィルターにより船の動揺加速度を除去するという当時としてはきわめて難しい測定であった．船など移動体における重力測定では，東西方向の運動により自転の遠心力が変化するので，次式のエトベス補正が不可欠である．以下，とくに断らないかぎり，重力測定の単位は mGal とする．

2.1 重力場の測定

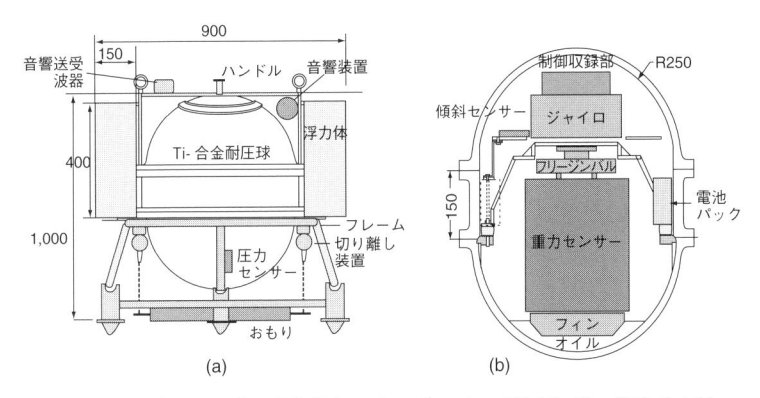

図 2.1 スプリング式の重力計をフリージンバルで鉛直に保つ海底重力計
寸法の単位は mm.
(a) おもりを切り離して浮上できるシステムの全体図.
(b) 耐圧殻の内部.
(藤本ほか, 1998)

$$\Delta g_{\rm EC} = 7.496\, V \sin\theta \cos\varphi \tag{2.1}$$

ここで，V は船速（単位はノット 〜 0.51 m/s），θ は船首方位，φ は地理緯度である．100 mGal にも達するこの補正は，船上重力測定における重大な問題であったが，GPS による連続的な精密測位が可能になって解決し，現在では 1 mGal に近い精度で海上重力測定が行われている．

海上の重力測定は陸上に比べてその精度が 2 桁程度低いので，陸上並みの測定を目指して，海底重力計が開発されている（Hildebrand *et al.*, 1990; 藤本ほか, 1998）．筆者らが開発した装置は，陸上の野外観測用重力計を耐圧容器の中に収納し，フリージンバルとオイルダンパーを用いて鉛直を保持する構造になっており（図 2.1），活断層が重力の急変帯であることなどから，沿岸域における精密な重力異常のマッピングなどに使われている（たとえば，藤本ほか, 2009）．米国では石油やガスの掘削に伴う海底地殻変動のモニタリングなどにも用いられている（Zumberge *et al.*, 2008）．現在，地震に伴う海底の重力変化の検出や，熱水鉱床探査，メタンハイドレートの採掘や二酸化炭素の地中埋設などに伴う地殻変動のモニタリングへの利用などが検討されている．

海底鉱物資源の重要性が再認識されるようになり，活動を停止し，堆積物で覆

われた海底熱水鉱床の重要性が見直されている．それに伴い，広範囲の探査海域における海底熱水鉱床の分布を効率的かつ定量的に推定するために，0.1 mGal 程度の測定精度を目指した海中航行型重力計の開発も進められている（たとえば，藤本ほか，2010）．

GPS の普及により，航空重力測定も可能になっている．測定の基本は海上重力測定と同じであり，船上重力計を飛行機やヘリコプターに搭載し，GPS と動揺計測装置による精密測位により，水平方向と上下方向の運動による加速度を補正している．サンゴ礁など船が近づけない浅瀬が広い海域や，極域など他の方法では測定が難しい地域における重力異常のマッピングに用いられている（たとえば，Brozena et al., 1997）．航空重力測定の精度は 1 mGal 程度と推定されている．

2.2 重力異常

2.2.1 フリーエア異常

地球の重力は，図 1.1 に示したように，地球の引力と自転の遠心力の合力である．地上の重力は平均的には 980 Gal 程度であるが，緯度によって約 5 Gal 変化し，高度差 3.3 km で約 1 Gal 変化する．実はこのような緯度と標高による変化が大きいので，地上の重力値は測定しなくてもほぼ 4 桁目まで推定できるのである．これは標高が重力の等ポテンシャル面であるジオイドを基準にして測定されている利点といえる．われわれが知りたい地下構造の情報は 5 桁目以下に埋もれているので，重力の測定値から標準的な値を差し引いた値を用いるとわかりやすい．これを**重力異常**（gravity anomaly）とよび，その分布から質量の過不足や地下の密度構造を推定することができる．

重力異常には，その目的に応じて，いくつか種類がある．基本となるのは，重力の測定値から緯度と高さで決まる標準的な値を差し引いた値であり，地下の質量の過不足を示す．これは重力の**フリーエア異常**（free-air anomaly），あるいはフリーエア重力異常とよばれ，高度ゼロの重力異常という意味で Δg_0 という符号で表すのが慣習になっている（坪井，1979）．重力も重力ポテンシャルも加法性があり，この重力異常は，1.4.2 項でジオイド高から求めた重力異常の別

の表現である．

重力の測定値を g_obs とすると，フリーエア重力異常 Δg_0 は以下の式で与えられる．

$$\Delta g_0 = g_\mathrm{obs} + \Delta g_\mathrm{E} - (\gamma + \Delta g_\mathrm{H}) + \Delta g_\mathrm{A} + \Delta g_\mathrm{S} \tag{2.2}$$

ここで，Δg_E は地球潮汐の影響の補正（振幅 0.1 mGal 程度）であり，γ，Δg_A，および Δg_S は，それぞれ 1.3.2 項で述べた正規重力，大気補正，および潮汐の永久変位の補正である．Δg_H は標高の影響に対する平均的な**高度補正**（height correction）であり，標高を $H(\mathrm{m})$ として，以下の式で与える．

$$\Delta g_\mathrm{H} = \frac{\partial \gamma}{\partial r} H \fallingdotseq -\frac{2r}{R} H = -0.3086\, H \tag{2.3}$$

この係数は，正規重力の鉛直勾配であり，岩石のない空中の勾配であるのでフリーエアの勾配といい，この補正をフリーエア勾配の補正ともいう．図 1.3 を用いてフリーエア異常を求める過程を説明しよう．地下構造を求める場合などでは測地学的な厳密さを要求しないので，ジオイド高は無視する．正規楕円体上の点 P で計算される正規重力値を求め，標高に応じたフリーエアの補正をして地表の点 R における標準値を求め，それを測定された重力値から差し引くということになる．つまりフリーエア異常は，重力測定が行われる地表で得られる重力異常である（ジオイド高の問題については，萩原（1978）を参照）．

2.2.2　ブーゲー異常

後述するように地殻構造は基本的に重力と釣り合った構造をしているが，フリーエア重力異常は，地形とそれを補償している地下の構造という双方の影響を表している．地下の密度構造を調べるためには，地形の影響を取り除いた重力異常が有用である．そのために用いられるのが**ブーゲー異常**（Bouguer anomaly）であり，地球の扁平度を測るために南米の観測に加わり，重力の地形補正を始めたフランスの学者ブーゲー（P. G. Bouguer）にちなんでいる．ブーゲー異常は，フリーエア異常の分布から，ジオイド面より上の構造による引力の影響を取り除いたものであり，ジオイド面より下の密度構造による重力異常を示している．簡単な地殻構造と，その構造を二次元と仮定して計算したフリーエア異常とブーゲー異常を図 2.2 に示す．重力異常の解析において注意すべき点は，フ

第2章 重力からみる地球の構造

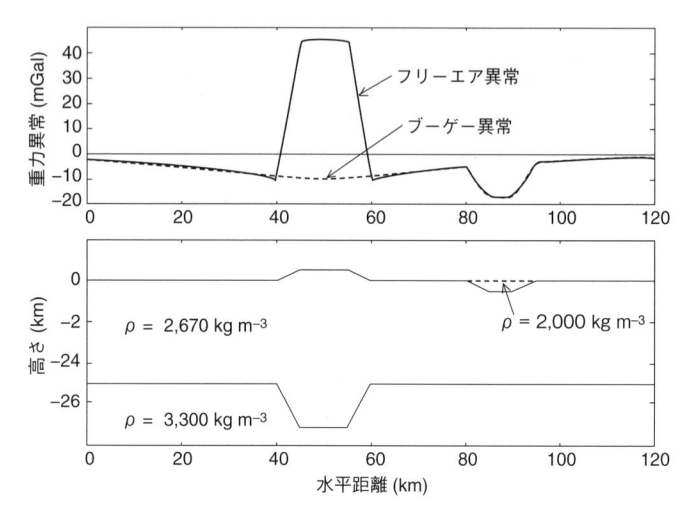

図2.2 地殻構造とそれによる重力異常の一例

リーエア異常は地表で測定される重力異常であり，したがってブーゲー異常も重力測定を行った地表で得られるということである．

電子計算機でブーゲー異常を求める場合には，各測定点について三次元的な地形の影響を直接計算するが（たとえば，萩原，1978），その意味を理解するうえでは，以下の2つのステップに分けるとわかりやすい．第一のステップは，測定点の周りの地形を平坦（ジオイド面に平行）にする**地形補正**（terrain correction）である．多くの場合，重力測定点付近の地形は二次元構造で近似できるので，ここでは二次元構造を想定して説明する．任意の断面をもつ水平な二次元構造による引力は，図2.3に示したように，断面に沿って時計周りに一周積分することにより計算できる（Hubbert, 1948）．図2.3の右下の図に示すような地形断面があるときに，測点6において周囲の地形の影響を求めるためには，測点1〜12に続いて，測点6と同じ標高の点13, 14を結んで一周積分すればよい．すると図の左右の窪みでは半時計周りに一周するので負の影響，中央の高まりについては時計周りに一周するが，測点より上側にあるのでやはり負の影響となる．結局，地形の起伏はすべて負の影響を生じるので，その影響を補正する地形補正値 Δg_{TC} は常に正となる．その大きさは，山間地では数十 mGal になることもあるが，多くの場合，数 mGal 程度である．

$$\Delta g = 2G\rho \sum_{i=1}^{n} S_i$$

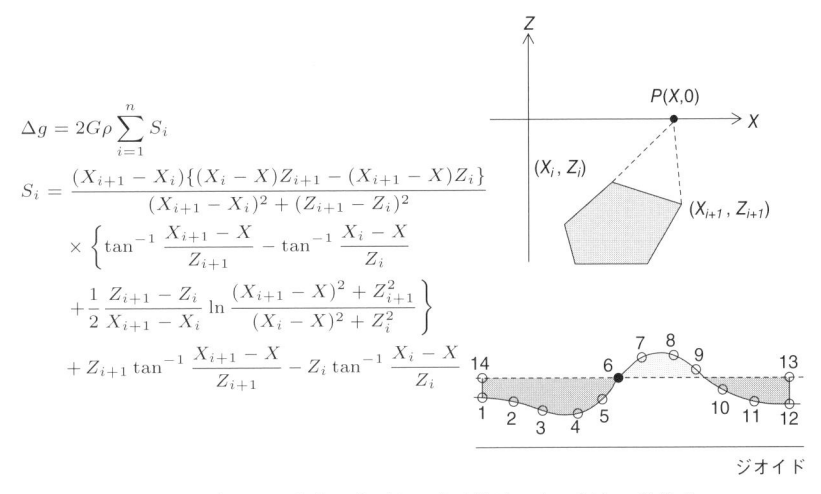

$$S_i = \frac{(X_{i+1} - X_i)\{(X_i - X)Z_{i+1} - (X_{i+1} - X)Z_i\}}{(X_{i+1} - X_i)^2 + (Z_{i+1} - Z_i)^2}$$

$$\times \left\{ \tan^{-1} \frac{X_{i+1} - X}{Z_{i+1}} - \tan^{-1} \frac{X_i - X}{Z_i} \right.$$

$$\left. + \frac{1}{2} \frac{Z_{i+1} - Z_i}{X_{i+1} - X_i} \ln \frac{(X_{i+1} - X)^2 + Z_{i+1}^2}{(X_i - X)^2 + Z_i^2} \right\}$$

$$+ Z_{i+1} \tan^{-1} \frac{X_{i+1} - X}{Z_{i+1}} - Z_i \tan^{-1} \frac{X_i - X}{Z_i}$$

図 2.3 任意の断面をもつ水平な二次元構造による引力の計算式
右下の図は，二次元の地形補正を計算する場合の概念図．

ジオイド面より上にある山体の影響を計算する場合，分母がゼロになる場合の対処も必要なので，参考のために，図 2.2 の山体の引力を計算する Fortran プログラムを表 2.1 に掲載し，その計算結果の一部も示した．重力測定点がジオイド面から離れた山体の上にあるので，地表で求められるブーゲー異常は，ジオイド面上で計算されるリアルブーゲー異常とは異なるが，この例ではその差は 1 割程度である．

第二のステップは，重力測定点とジオイド面の間の厚さ一定の岩層による引力の除去であり，単純ブーゲー補正とよばれる．この引力は 1.4.2 項で示したように，簡単な表記となる．2 つのステップを合わせると，ブーゲー異常 $\Delta g_0''$ はフリーエア異常 Δg_0 から以下の式で与えられる．

$$\Delta g_0'' = \Delta g_0 + \Delta g_{\mathrm{TC}} - 2\pi G \rho H \tag{2.4}$$

ここで Δg_{TC} は地形補正，H は標高（m），ρ は地殻表層の密度であり，花崗岩の密度である $2{,}670\,\mathrm{kg\,m^{-3}}$ を採用することが多い．その場合，G は万有引力定数であり，$2\pi G \rho H = 0.112 H$（mGal）となる．多くの場合，地殻表層の平均密度は花崗岩の密度より小さいので，ブーゲー異常と地形との相関が小さくなる密度を用いることもある．第一のステップは計算が複雑であるが補正量は小さ

第2章 重力からみる地球の構造

表 2.1 図 2.2 の山体を二次元構造（y 軸方向に無限に伸びた構造）と仮定して，図 2.3 の方法によりフリーエア異常を計算するルーチン（Fortran77 用）

```
c         Routine to calculate FGA by 2D mass
c         Original formulation by Hubbert (1948)
c         Revised 2009-09-02
C         HX,HY: terrain data in km
C         NP : number of points to define surface topography
C         NF : number of points to calculate FGA
C         Output U20: position in km, gravity in mgal
          IMPLICIT REAL*8 (A-H,O-Z)
          PARAMETER(NP=4,NF=1201)
          DIMENSION HX(NP),HZ(NP),FX(NF),FZ(NF)
          OPEN (20, FILE='dg2dfga.out')
          DEN=2.67D3
          CC=2.0D-3*6.672D0*DEN
          EA=DATAN(1.0D0)
          HPAI=EA+EA
          EPS=0.1D-5
          EPSM=-EPS
          ZE=0.0D0
          WRITE(6,8600) DEN
     8600 FORMAT(/,' BY DG2DFGA.F DEN =',F7.1,' kg/m**3',/)
          DATA HX/0.40D2,0.45D2,0.55D2,0.60D2/
          DATA HZ/0.0D0,0.5D0,0.5D0,0.0D0/
          PXA=ZE
          PXB=0.120D3
          DX=(PXB-PXA)/DFLOAT(NF-1)
          X=PXA-DX
          BX=HX(1)
          BZ=HZ(1)
          AX=PXA
          AZ=BZ
          JA=1
          DO 60 J=1,NF
          X=X+DX
          FX(J)=X
          IF(X.LE.BX) GO TO 40
          JA=JA+1
          AX=BX
          AZ=BZ
          IF(JA.LE.NP) THEN
             BX=HX(JA)
             BZ=HZ(JA)
          ELSE
             BX=PXB
             BZ=AZ
          END IF
```

表 2.1（つづき）

```
      DZ=BZ-AZ
   40 EA=(X-AX)/(BX-AX)
      FZ(J)=AZ+EA*DZ
   60 CONTINUE
      DO 5800 JP=1,NF
      PX=FX(JP)
      PZ=FZ(JP)
      SFA=0.0D0
      XX=HX(NP)-PX
      ZZ=HZ(NP)-PZ
      EC=XX*XX+ZZ*ZZ
      IF(EC.LT.EPS) EC=EPS
      IF(ZZ.LT.EPSM.OR.ZZ.GT.EPS) THEN
        PXZ=DATAN(XX/ZZ)
        GO TO 100
      END IF
      PXZ=HPAI
      IF(XX.LT.ZE) PXZ=-HPAI
  100 J=0
  120 J=J+1
      IF(J.GT.NP) GO TO 5100
      X=XX
      Z=ZZ
      XX=HX(J)-PX
      ZZ=HZ(J)-PZ
      IF(Z*ZZ.GE.ZE) GO TO 140
      J=J-1
      XX=X-(XX-X)*Z/(ZZ-Z)
      ZZ=ZE
  140 ED=EC
      EC=XX*XX+ZZ*ZZ
      IF(EC.LT.EPS) EC=EPS
      XZ=PXZ
      IF(Z.LT.EPSM.OR.Z.GT.EPS) GO TO 160
      XZ=HPAI
      IF(ZZ*X.LT.ZE) XZ=-XZ
  160 CONTINUE
      IF(ZZ.LT.EPSM.OR.ZZ.GT.EPS) THEN
        PXZ=DATAN(XX/ZZ)
        GO TO 180
      END IF
      PXZ=HPAI
      IF(Z*XX.LT.ZE) PXZ=-HPAI
  180 AA=(XX-X)**2+(ZZ-Z)**2
      B=(X*ZZ-XX*Z)/AA
      EA=(ZZ-Z)*B
      A=(XX-X)*B
```

第 2 章 重力からみる地球の構造

表 2.1（つづき）

```
              EB=(A+ZZ)*PXZ-(A+Z)*XZ
              SFA=SFA+EB+0.5D0*EA*DLOG(EC/ED)
              GO TO 120
         5100 CONTINUE
              FGA=CC*SFA
              WRITE(20,8630) JP,PX,PZ,FGA
         8630 FORMAT(1H,I4,3F9.3)
         5800 CONTINUE
              WRITE(*,8630) NF,PX,PZ,FGA
              ENDFILE (20)
              STOP
              END
```

く，第二のステップは計算がきわめて単純であるが補正量は大きいので，地形の起伏が小さい場合に重力分布の概要を調べるときには，最初のステップを省略した単純ブーゲー異常を使うこともある．

以上の定義では，海上重力測定に基づくブーゲー異常はフリーエア異常と一致し，短波長の海底地形の影響を強く受ける．そこで海域では，海底下の構造による重力異常を求めるために，フリーエア異常に対して，海水を地殻で置き換えるという補正を加えた重力異常をブーゲー異常とよぶ．測定点がジオイド面上にあるので，リアルブーゲー異常でもある．水深 D（m）のとき，(2.4) 式に相当する式は，次式のようになる．

$$\Delta g_0'' = \Delta g_0 + \Delta g_{\mathrm{TC}} + 2\pi G(\rho - \rho_{\mathrm{w}})D \tag{2.5}$$

通常，地殻の密度 ρ として 2,670 kg m^{-3}，海水の密度 ρ_{w} として 1,030 kg m^{-3} を用いる．その場合，$2\pi G(\rho - \rho_{\mathrm{w}})D = 0.0688D$ となる．地形補正は，重力測定点の直下の水深になるように海底を平坦にする補正であり，陸上と異なり常に正になるとはかぎらない．

潜水艇などを用いて水深 D（m）の海底で重力測定をした場合，フリーエア異常とブーゲー異常は次式で与えられる．

$$\Delta g_0 = g_{\mathrm{obs}} + \Delta g_{\mathrm{E}} - (\gamma + 0.3086D - 4\pi G\rho_{\mathrm{w}}D) + \Delta g_{\mathrm{A}} + \Delta g_{\mathrm{S}} \tag{2.6}$$

$$\Delta g_0'' = \Delta g_0 + \Delta g_{\mathrm{TC}} - 2\pi G(\rho - \rho_{\mathrm{w}})D \tag{2.7}$$

地球の中に潜入すると，測定点より外側にある表層部分の引力は，球近似で，全

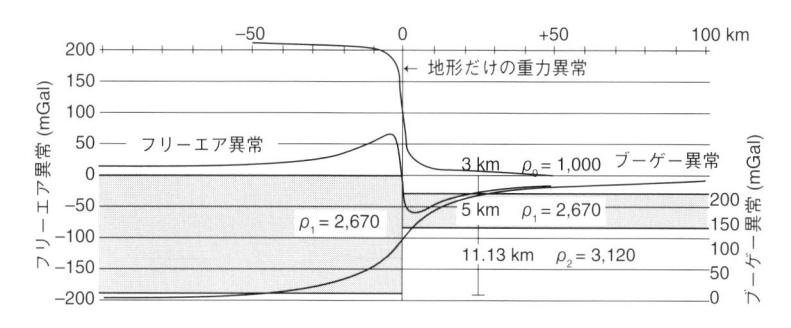

図 2.4 フリーエア重力異常とブーゲー重力異常の概念図
アイソスタシーの状態にある大陸地殻と海洋地殻、それらに伴う重力異常を模式的に描いてある。(檀原・友田, 1984)

球にわたって積分すると打ち消しあってゼロになる。そのためフリーエア異常については、(2.3) 式に示すフリーエア勾配の補正のほかに、測定点より外側にある部分が全球にわたって海水であると近似して、その引力が効かなくなったとして補正を行う。ブーゲー異常では、地形補正は陸上と同じ要領で行えばよいが、海水を地殻の密度で置き換える補正の符号が海上重力測定とは逆になることに注意する必要がある。

海域のブーゲー異常は、海を埋め立てた場合に想定される重力異常であり、第一次近似としては、地殻・マントル境界であるモホ面の起伏を示している。厚い堆積層がある場合にはその影響も大きい。アイソスタシーの状態にある大陸地殻と海洋地殻を想定した場合のフリーエア異常とブーゲー異常の分布を図2.4に示す。

2.2.3　ポテンシャル論による地下構造推定

密度異常が地表からの深さ d の面に凝縮されていると仮定すると、1.4.2 項で紹介した坪井の方法を用いて、ブーゲー異常から密度異常の分布を推定できる。ここで面質量 $M(x,y)$ は、次式で表されるとする。

$$M(x,y) = A_{mn}\sin(mx+a)\sin(ny+b) \tag{2.8}$$

一定の深さにある一様な無限平板上の面質量 M による地表のブーゲー異常は、その深さによらず $2\pi GM$ と表されるから、面質量 $M(x,y)$ 直近の重力異常は

第 2 章 重力からみる地球の構造

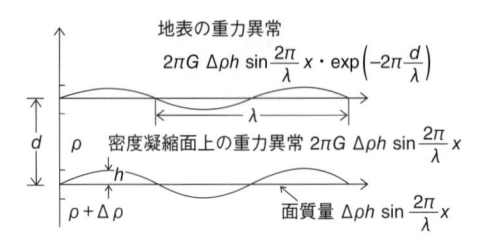

図 2.5 地下の密度異常と重力異常と重力ポテンシャル

$2\pi GM(x,y)$ となり，面密度より d だけ離れた地表における重力異常は，

$$\Delta g(x,y,0) = 2\pi GM(x,y)\exp(-\sqrt{m^2+n^2}d) \tag{2.9}$$

となる．これに対応する重力ポテンシャルは

$$\Delta W(x,y,0) = 2\pi GM(x,y)\frac{1}{\sqrt{m^2+n^2}}\exp\left(\sqrt{m^2+n^2}d\right) \tag{2.10}$$

これは坪井が見出した手法であり，密度異常をある深さの面密度に凝縮することにより，その密度異常によるブーゲー異常とそれに起因するジオイドの起伏を定量的に求めることができるし，逆にブーゲー異常から密度異常の分布を推定することもできる．重要なことは，面密度でも重力異常でもジオイドの起伏でも，水平面内の分布を示す sin の項は共通であり，深さに応じて減衰するということである．

このことをもっとわかりやすく示すために，(x,y) の二次元の場合についてみてみよう．図 2.5 に示すように，地表からの深さ d の付近で上盤と下盤の境界が微小振幅で周期的に変化している場合を想定する．上盤と下盤の密度差を $\Delta\rho$，境界の変動の波長を λ，振幅を h とすると，面密度 $M(x)$ とそれによる地表の重力異常と重力ポテンシャルは，以下のように表示できる．

$$M(x) = \Delta\rho h\sin\frac{2\pi}{\lambda}x \tag{2.11}$$

$$\Delta g(x,0) = 2\pi GM(x)\exp\left(-\frac{2\pi d}{\lambda}\right) = 2\pi G\,\Delta\rho h\sin\frac{2\pi}{\lambda}x\exp\left(-\frac{2\pi d}{\lambda}\right) \tag{2.12}$$

$$\Delta W(x,0) = G\,\Delta\rho\lambda h\sin\frac{2\pi}{\lambda}x\exp\left(-\frac{2\pi d}{\lambda}\right) \tag{2.13}$$

2.2 重力異常

三次元の場合に指摘した，密度異常と重力異常と重力ポテンシャルの関係がよりわかりやすく表現されている．重力異常と重力ポテンシャルすなわちジオイドを比較すると，重力異常に λ をかけると重力ポテンシャルになっている．つまりある深さに，ある波長の密度異常がある場合，重力異常に比べるとジオイドの振幅が波長に比例して大きくなっている．ただし多くの場合，地下の密度異常はいろいろな深さに分布しているので，それらの影響を重ね合わせたジオイドと重力異常のパターンは一致しない．

2.2.4 マントルブーゲー異常

ブーゲー異常は地下構造を推定するために用いられるが，基本的には，重力以外の観測から構造がわかっている層の影響を取り去って，その下にある密度

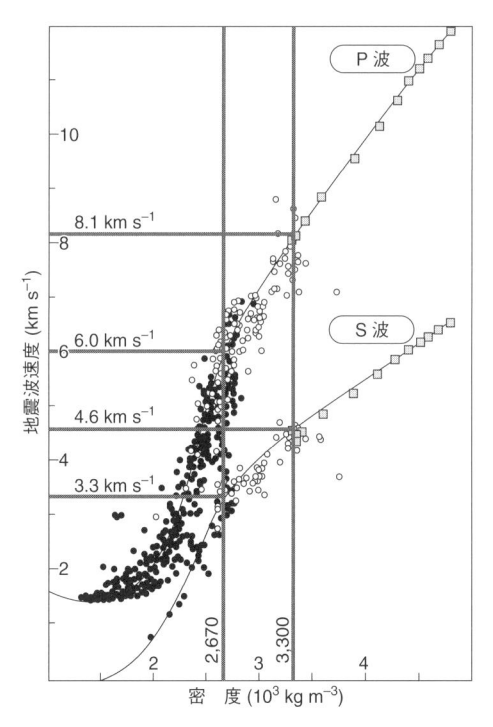

図2.6 地震波速度構造と密度構造の一般的な関係
（Ludwig *et al.*（1970）の図に加筆）

第 2 章 重力からみる地球の構造

差の大きい層境界に注目し，その起伏を推定することが多い．海面高度計の項で紹介したように，海底地形に関するデータのないところでは，ジオイドの起伏からフリーエア異常を求め，海底地形を推定する．対象とする層境界が海底である場合は，海域のフリーエア異常はブーゲー異常の役割を果たす．陸上や音響測深機により海底地形がわかっている海域では，その地下にあって最も密度差の大きい地殻・マントル境界の起伏をブーゲー異常から推定できる．地震探査により地殻の地震波速度構造が求められている場合には，図 2.6 に示したような地震波速度構造と密度構造の一般的な関係を用いて地殻の密度構造を推定し，海底地形と地殻構造の影響を取り去ることにより，上部マントル内の層構造，第一次近似としてはリソスフェアの厚さの変化を推定できる．このブーゲー異常は残差重力異常とよばれているが（Yoshii, 1973），マントル内の密度異常を示すという意味でマントルブーゲー異常ともよばれている．紛らわしいことに，中央海嶺の研究では，地震探査により求めた地殻構造を用いずに，密度も厚さも一定の地殻を仮定してマントルブーゲー異常を求めていることが多

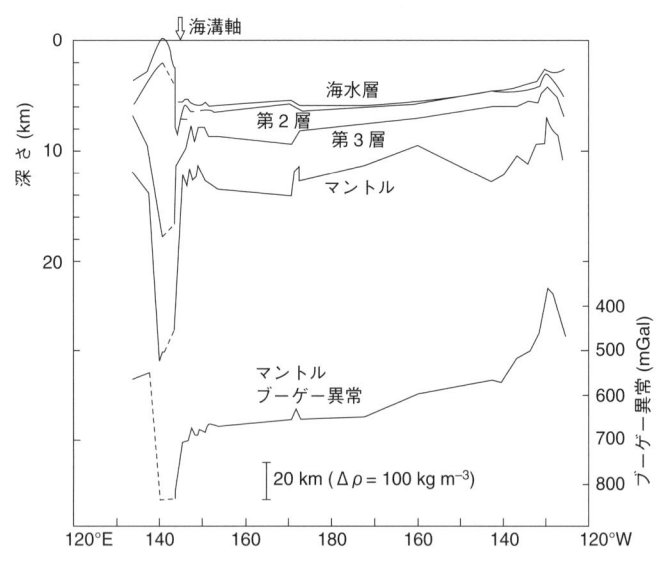

図 2.7 北太平洋を東西に横断する測線に沿った地殻構造と，その影響を取り除いたマントルブーゲー異常
（Fujimoto and Tomoda, 1985）

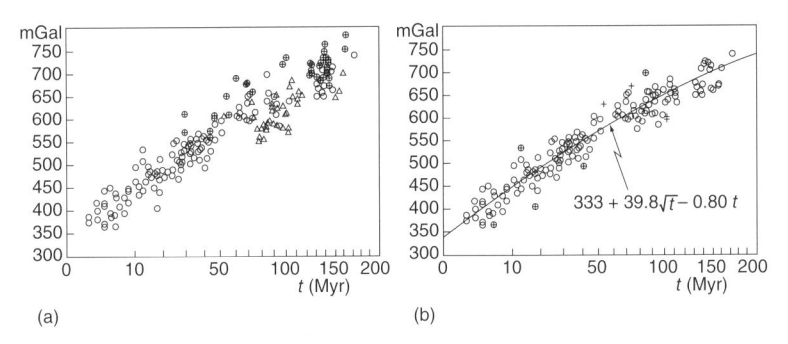

図 2.8 太平洋プレート上のマントルブーゲー異常と年代の関係を示す図
得られた結果 (a) に対して，ハワイ周辺におけるホットスポットの影響や海溝付近の影響を補正すると (b) の結果が得られる．(Fujimoto and Tomoda, 1985)

いので，注意が必要である．

北太平洋を東西に横断する測線に沿った地殻構造と，その影響を取り去ったマントルブーゲー異常を図 2.7 に示す（Fujimoto and Tomoda, 1985）．西太平洋では海山が多く，地殻構造はやや複雑であるが，マントルブーゲー異常の変化は比較的滑らかである．

太平洋で得られた地震探査の結果を編集してこのようなマントルブーゲー異常を求め，海底の年代の平方根を横軸にしてプロットすると，図 2.8a のような結果が得られる．ハワイ・天皇海山列については，ホット・スポットにより加熱されたと考えられる（大河原・河野，1981）ので，その影響や，海溝近くにおけるスラブの影響を補正すると図 2.8b の結果が得られる（Fujimoto and Tomoda, 1985）．リソスフェアの下にあるアセノスフェアの上部が部分溶融しており，年代とともにリソスフェアが成長するというモデル（Kono and Yoshii, 1975）とよく合う結果となる．このリソスフェアの構造については 3.2.3 項で述べる．

2.3　アイソスタシー

2.3.1　アイソスタシーという概念

基本的に物体の重さは体積に比例するから，底面にかかる圧力はそのサイズに比例する．アリは重力など意識したこともないかもしれないが，ゾウにとっ

第 2 章　重力からみる地球の構造

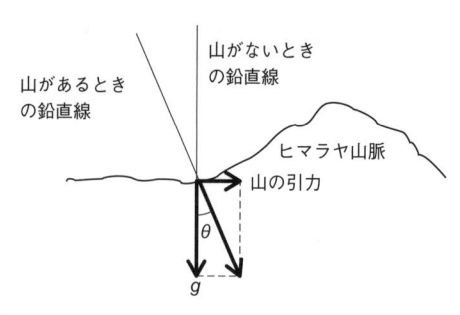

図 2.9　山体の引力による鉛直線の傾きを示す模式図
(坪井 (1979) の図を改訂)

て重力は重大事である．山くらい大きくなると山体の重量により底面に非常に大きな圧力がかかり，山脈くらい大きくなると，硬い岩石でもその圧力を支えきれなくなる．長い時間スケールでは，地形を含めた地球の大きな構造は重力とほぼ釣り合った構造にならざるをえない．これが**アイソスタシー**（isostasy）という概念の基礎である．

前節で述べたように，フリーエア重力異常の値は，普通は重力値の 1 万分の 1 以下である．このことは，固体地球の構造は，表層の短波長の構造を除けば，重力とかなりよく釣り合っているということを示しており，確かにアイソスタシーがよく成立していることがわかる．第 1 章で示したように，重力とジオイドは表裏一体であり，アイソスタシーがよく成立していることは，半径約 6,370 km の地球楕円体とジオイドの違いがたかだか 100 m 程度であるということにも現れている．

アイソスタシーという概念が生まれたきっかけは，英国の観測隊が 19 世紀の中ごろにヒマラヤのふもとで行った鉛直線の傾きの測定である．プラット（J. H. Pratt）はこの測定結果の解析を依頼され，ヒマラヤの山体の水平引力を計算し，重力との比から鉛直線の傾きを計算した．すると図 2.9 のように，傾きの実測値が理論値より 1 桁程度小さいことがわかった（坪井, 1979）．考えられるのは，山体の下に周囲より低密度の構造があり，その影響で山体の引力の大部分が打ち消されているということである．

この結果について，当時グリニッジ天文台長であったエアリ（G. B. Airy）は，海に浮かぶ氷山のようなモデルを考えた．氷は海面より上では空気より高密度

であるが，海面下では海水より低密度になる．同じようにヒマラヤでは地下深くまで山体と同じ密度の構造があり，それがより高密度の深部の岩石層の上に浮いているという解釈である（Airy, 1855）．このモデルは山体による水平方向の引力を説明するために考案されたが，結果的に，山体およびその地下構造は重力と釣り合う構造になっているということを示しており，アイソスタシーという概念が生まれた．当初は地殻の構造が重力と釣り合っていることに注目して地殻均衡ともよばれたが，その後，地球上の大規模な構造については普遍的に成り立っていることが判明し，アイソスタシーという言葉を使うようになった．

アイソスタシーが成立する最も浅い面を補償面，その深さを**補償面深度**（isostatic compensation depth）という．アイソスタシーの条件は，補償面深度における圧力が一定であること，つまり重力と密度の積を補償面深度から地表まで積分した値がどこでも同じ値になることである．場所による重力の変化は小さいので，この条件は近似的に補償面深度より上の質量がどこでも同じという条件になる．

これに対して，プラットは別のモデルを提案した．地殻の底面はどこでも同じであり，地形の高まりと密度は反比例するというモデルである（Pratt, 1855）．補償面深度より上の質量がどこでも同じという点は同じであるが，エアリのモデルは同じ密度の地殻が横からの圧力などで厚さが変化して地形を形成するのに対して，プラットのモデルは地殻が温度や化学変化により膨張あるいは収縮し地形を形成するところに違いがある．2つのアイソスタシーのモデルについては，Wahr (1996) が詳しく解説している．大陸と海洋の地殻構造の違いや年代に伴うリソスフェアの構造の変化など，地球の表層は大局的には層構造をなしており，アイソスタシーは長波長成分で成立するので，地下構造の解析はエアリのモデルで考えるのが普通である．

2.3.2 アイソスタシーとフリーエア異常

短い波長の地形の起伏は地殻やリソスフェアが支えており，短波長のフリーエア異常の原因となるが，長い波長の構造は特別な要因がないかぎりほぼアイソスタシーの状態にある．したがって，フリーエア異常は，短い波長では地形との相関が高いが，長い波長ではその相関が低くなる．前述のように，長波長の重力異常の解析には，フリーエア異常よりはジオイドが適している．それに

第 2 章 重力からみる地球の構造

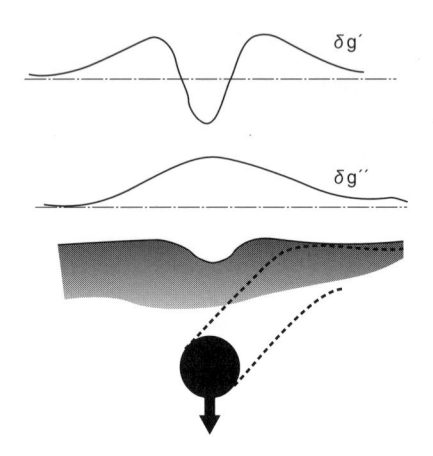

図 2.10 リソスフェアの沈み込みを最も単純化したモデル
簡単のため，ブーゲー異常では平均的な厚さの海水層の影響は除いている．
（Tomoda and Fujimoto, 1981）

　顕著な起伏があるということは，アイソスタシーからのずれを生ずる要因があることを示している．たとえば，厚さ数 km の氷床の消滅は顕著なアイソスタシーの異常を生み出し，それに伴う地殻の隆起はアイソスタシーが回復する過程の代表例である．第 4 章で紹介するように，その地殻の隆起はマントルの流動を伴っており，マントルの粘性を推定する重要な観測データとなる．

　その他の長波長のジオイド高の異常も基本的にマントルの粘性によりダイナミックに支えられている**動的地形**（dynamic topography）であり，マントルの粘性構造を反映している．その代表的なケースは，リソスフェアの沈み込みである．最も単純化した沈み込むスラブのモデルを図 2.10 に示す．低温で相対的に高密度のスラブの負の浮力が，マントルの粘性抵抗と釣り合った状態で沈み込み，その運動に伴って地表には窪みができる．地形の窪みは短波長かつ大振幅の負のフリーエア異常を生み出し，より深部にある高密度のリソスフェアは比較的長波長で低振幅の正のフリーエア異常を生み出す．この結果，海溝には負の異常，海溝の海側および島弧には正の異常が分布する（Morgan, 1965）．Hager（1984）は，沈み込み帯に沿って観測されるジオイド高の異常の 44% は沈み込むスラブによるものであり，このことは，マントル深部で粘性が高く，沈み込むスラブが抵抗を受けているからである推定とした．

リソスフェアは一般に斜めに沈み込むので，海溝の海側に比べて島弧の正の異常のほうが顕著である．実際には地震や地殻変動との関係が重要であり，弾性体のリソスフェアが地震をひき起こしながら斜めに沈み込むことにより島弧・海溝系の重力異常を説明するモデル（たとえば，Sato and Matsu'ura, 1992）のほうがより実態に即している．そのようなモデリングについては 3.3 節で述べる．

リソスフェアの沈み込みは，やがて大陸地殻どうしの衝突をひき起こす．陸上ではジオイドの観測は難しいのでフリーエア異常の解析が行われているが，ヒマラヤや台湾，伊豆半島など，一般に顕著な正のフリーエア異常を示す．地形を支える地下深部の構造が発達していないので，地形とフリーエア異常の相関がよく，ブーゲー異常の変化は小さい場合が多い．

比較的小さな構造でアイソスタシーの議論の的になってきたのは，平坦な海底にある山すなわち海山（かいざん）である．海山の規模はさまざまであるが，西太平洋に多い平頂海山は，水深 6,000 m 程度の海底にそびえる比高 5,000 m 程度の，富士山よりはるかに大きい山であり，ハワイ列島と同じように，ホットスポットとよばれるマントル起源のマグマ活動により形成されたと考えられる．西太平洋における観測（金田ほか，2010）は，比較的小さな海山（直径〜60 km 程度）では平坦な海洋地殻の構造に変化はないが，大きい海山（直径〜150 km 程度）では地殻が厚くなっており，その周囲で地形の窪みもあることを示している．そのような大きな海山の山体はリソスフェアの弾性で支えられているとしてその厚さの推定などが行われている（たとえば，Watts and Talwani, 1974）．しかしいくつかの海山の地形と重力異常を解析した結果は，山体を支えるのはリソスフェアの弾性よりはむしろリソスフェアが薄くなっている構造であるとも解釈できる（Fujimoto, 1976; 友田ほか，1982）．インド洋にあるモルジブは，マントル起源のマグマ活動により形成された海山列の一部である．地形と重力データを解析して，その海山列のアイソスタシーの補償面の深さを求めたところ，年代とともにその深度が減少し，図 2.11 に示すように，山体を支える構造がリソスフェアの下面からモホ面に移っていったと推定された（Tomoda and Akiyama, 1995）．ホットスポットのマグマ活動により，ほぼ等温面であるリソスフェアの下面は上昇し，地表には山体は形成されたが，地殻が厚くなるにはかなりの時間がかかることを示唆している．

第 2 章 重力からみる地球の構造

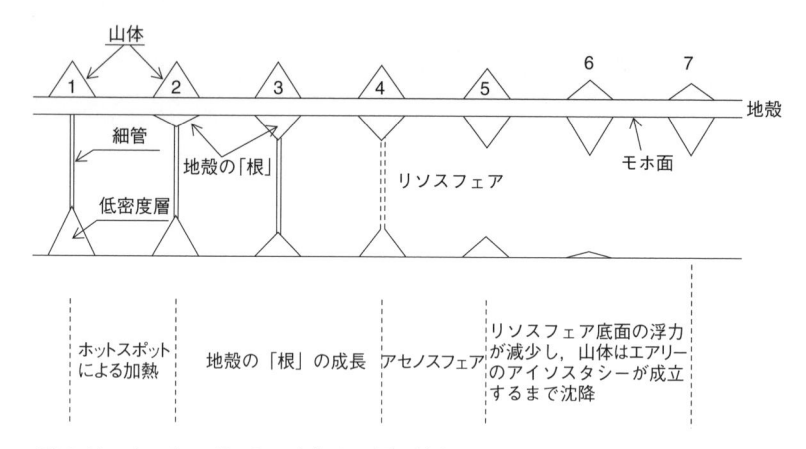

図 2.11 ホットスポットの山体は，厚さ数十 km のリソスフェアが薄くなることと厚さ数 km の地殻が厚くなることにより支えられているというモデルに基づいて観測データを解釈した模式図

地形と重力データの解析結果は，山体を支える構造が年代とともに浅くなることを示しており，リソスフェアの下面からモホ面に移っていくことを示している．(Tomoda and Akiyama, 1995)

2.3.3 アイソスタシーとブーゲー異常

ブーゲー重力異常は地形の影響を補正した重力異常であるので，基本的には地形を支える地下の密度異常を表している．地形とリアルブーゲー異常をフーリエ級数に展開すると，2.2.3 項で紹介した坪井の方法を用いて，アイソスタシーの補償面の深さとアイソスタシーの拡がりを簡単に推定できる（坪井，1979）．ここでは地形の起伏が，ある保障面深度で均衡していると考えて，その深さ d を求めることにする．まず y 方向に一様な二次元構造を考え，地表の高さ $h(x)$ が以下の式で与えられるとする．

$$h(x) = \sum H_x \cos mx \tag{2.14}$$

ジオイド面より上の構造による単位面積あたりの質量は ρh であるから，エアリのアイソスタシーが成立していれば，厚さ d の地殻の底面に $-\rho h$ の質量がある．地表の起伏の波長は d よりはるかに大きいとすると，この負の質量による地表におけるブーゲー異常 $\Delta g_0''$ は，

$$\Delta g_0'' = -2\pi G\rho \sum H_x \cos mx \exp(-md) \tag{2.15}$$

となる.一方,地表の重力測定により得られたブーゲー異常の分布が

$$\Delta g_0'' = \sum B_x \cos mx \tag{2.16}$$

であるとすると,2つのブーゲー異常は等しいことから,

$$\frac{B_x}{H_x} = -2\pi G \rho \exp(-md) \tag{2.17}$$

となる.波数 m に対して $\log(B_x/H_x)$ をプロットして直線で近似すれば,その直線の傾きから補償面深度 d を求め,さらに直線で近似できる範囲からアイソスタシーの広がりを推定できる.

坪井(1979)は北米大陸の地形と重力データを用いて,このような解析を行い,補償面の深さが約 60 km,アイソスタシーが成り立つ最低波長は 250〜300 km,それに相当する地形の大きさは,その半波長でありおよそ 150 km であるとしている.また,そのアイソスタシーの広がりは地震の規模と関係があると指摘している.

ブーゲー異常における2つの顕著な特徴は,地球上における2つの大規模な地形の変化に対応している.すなわち,平均標高 880 m の陸と平均水深 3,800 m の海(Turcotte and Schubert, 2002)の違い,および年代に伴う海底の水深の変化である.地球上の約3割を占める陸の構造は基本的に大陸地殻であり,約1割を占める大陸棚は氷期が終わって海面下となった大陸地殻であり,残り約6割が海洋地殻である.大陸棚の平均水深を 100 m とすると,地球表面の4割を占める大陸地殻の平均標高は 640 m,残りの海洋地殻では平均水深が 4,420 m となる.

アイソスタシーに関する簡単な計算例として,海洋地殻の平均的な厚さを 6.0 km,海水,地殻およびマントルの密度を 1,030,2,670,3,300 (kg m^{-3}) とし,大陸地殻の底面の深さがアイソスタシーの補償面の深さとなると仮定して,大陸地殻の平均的な厚さ h (km) を求めると,$2.67 \times h = 1.03 \times 4.42 + 2.67 \times 6.0 + 3.30 \times (h - 0.64 - 4.42 - 6.0)$ より,$h = 28.8$ (km) となる.ただし,大気の密度は無視している.

地球上の地形に関する第二の特徴は,海水のベールに包まれて直接観測することはできないが,野球のボールの縫い目のように大洋の中央に連なっている中央海嶺の存在である.大洋底の拡大により中央海嶺で新たに生成された海底

の水深は 2,600 m 程度であるが，約 1 億年かけて両側に移動する間にその水深が約 3,200 m も増加する（3.1.5 項参照）ので，きわめて裾野が広い海底大山脈となっている．人工地震探査の結果からは，海洋地殻の構造が年代とともに変わるという傾向は見出されていないので，この水深の変化を支える構造は地殻の下にあるマントル上部にあると考えられる．3.1.5 項で示すように，この構造は，マントル表層の熱境界層であるリソスフェアが，海水による冷却を受けて厚くなるということで説明できる．

参考文献

[1] Airy, G. P. (1855) On the computations of the effect of the attraction of the mountain masses as disturbing the apparent astronomical latitude of stations in geodetic surveys, *Philos. Trans. R. Soc. London*, Ser. B, **145**, 101-104.

[2] Brozena, J. M., Peters, M. F., et al. (1997) Arctic airborne gravity measurement program, *in* "Gravity, Geoid and Marine Geodesy" (eds. Segawa, J. *et al.*), IAG Symposia, Vol.117, pp.131-146, Springer-Verlag.

[3] 檀原 毅・友田好文（1984）『測地・地球物理（第 2 版）』，共立出版．277p．

[4] Fujimoto, H. (1976) Processing of gravity data at sea and their geophysical interpretation in the region of the western Pacific, Bull. Ocean Res., Inst., Univ. Tokyo, **8**, 81p.

[5] 藤本博己・押田 淳ほか（1998）海底重力計の開発，海洋調査技術，**10**, 25-38.

[6] 藤本博己・野崎京三ほか（2009）海底重力計の改造と沿岸域における海底重力測定—陸海域シームレス精密重力測定に向けて—，測地学会誌，**55**, 325-339.

[7] 藤本博己・金沢敏彦ほか（2010）海底熱水鉱床探査用の海中航行型重力探査システムの開発，月刊地球，**32**, 278-284.

[8] Fujimoto, H. and Tomoda, Y. (1985) Lithosphere thickness anomaly near the trench and possible driving force of subduction, *Tectonophysics*, **112**, 103-110.

[9] 福田洋一（2000）衛星アルティメトリィと衛星重力ミッション，測地学会誌，**46**, 53-67.

[10] 古屋正人・大久保修平ほか（2001）重力の時間変化でとらえた三宅島 2000 年火山活動におけるカルデラ形成過程, 地学雑誌, **110**, 217-225.

[11] Graf, A. and Schulze, R. (1961) Improvements on the sea gravimeter Gss2, *J. Geophys. Res.*, **66**, 1813-1821.

[12] Hager, B. H. (1984) Subducted slabs and the geoid: Constraints on mantle rheology and flow, *J. Geophys. Res.*, **89**, 6003-6015.

[13] 萩原幸男 (1978)『地球重力論』, 共立出版. 242p.

[14] Hildebrand, J. A., Stevenson, J. M. *et al.* (1990) A seafloor and sea-surface gravity survey of Axial Volcano, *J. Geophys. Res.*, **95**, 12751-12763.

[15] Hubbert, M. K. (1948) A line-integral method of computing the gravimetric effects of two-dimensional mass, *Geophysics*, **13**, 215-225.

[16] 金田謙太郎・西澤あずさほか (2010) プレート内火成活動に伴う地殻構造の深化, 日本地球惑星科学連合 2010 年大会, 講演 SCG086-15.

[17] Kono, Y. and Yoshii, T. (1975) Numerical experiments on the thickening plate model, *J. Phys. Earth*, **23**, 63-75.

[18] 古在由秀 (1973)『地球をはかる』, 岩波書店.

[19] LaCoste, L. J. B. (1967) Measurement of gravity at sea and in the air, *Rev. Geophys.*, **5**, 477-526.

[20] Ludwig, W. J., Nafe, J. E., and Drake, C. L. (1970) Seismic refraction, *in* "The Sea", Vol. 4, Part 1 (ed. Maxwell, A. E.), pp.53-84, Interscience.

[21] Matsumoto, K., Sato, T. *et al.* (2006) Ocean bottom pressure observation off Sanriku and comparison with ocean tide models, altimetry, and barotropic signals from ocean models, *Geophys. Res. Lett.*, **33**, L16602.

[22] Matuyama, M. (1934) Measurements of gravity over the Nippon Trench on board the J. M. Submarine Ro-57, preliminary report, *Proc. Imp. Acad. Japan*, **10**, 626-628.

[23] Morgan, W. J. (1965) Gravity anomalies and convection currents, *J. Geophys. Res.*, **70**, 6175-6204.

[24] 大河原 浩・河野芳輝 (1981) 海洋プレート厚の減少—ハワイ・エンペラー海山列の進化, 地震 2, **34**, 385-400.

[25] Pratt, J. H. (1855) On the attraction of the Himalaya Mountains and of the elevated regions beyond upon the plumb-line in India, *Philos. Trans. R. Soc. London*, Ser. B, **145**, 53-100.

[26] Sandwell, D. T. and Smith, W. H. F. (1997) Marine gravity anomaly from Geosat and ERS 1 satellite altimetry, *J. Geophys. Res.*, **102**, 10039-10054.

[27] Sato, T., Fukuda, Y. *et al.* (2001) On the observed annual gravity variations and the effect of sea surface height variations, *Phys. Earth Planet. Inter.*, **123**, 45-63.

[28] Sato, T. and Matsu'ura, M. (1992) Cyclic crustal movement, steady uplift of marine terrace, and evolution of the island arc-trench system in southwest Japan, *Geophys. J. Int.*, **111**, 617-629.

第 2 章 重力からみる地球の構造

[29] Tapley, B. D., Bettadpur, S. *et al.*(2004) GRACE measurements of mass variability in the Earth system, *Science*, **305**, 503-505.

[30] 友田好文（1983）海洋重力測定のはじまり，『地球観測百年』（永田 武・福島 直 編），pp.145-162, 東京大学出版会.

[31] Tomoda, Y. and Akiyama, Y.(1995) The relation between the age of seamounts and their deep structure, *Phys. Earth Planet. Inter.*, **92**, 17-23.

[32] Tomoda, Y. and Fujimoto, H.(1981) Gravity anomalies in the western Pacific and geophysical interpretation of their origin, *J. Phys. Earth*, **29**, 387-419.

[33] Tomoda, Y. and Kanamori, H.(1962) Tokyo Surface Ship Gravity Meter α-1, *J. Geod. Soc. Jpn*, **7**, 116-145.

[34] 友田好文・藤本博己ほか（1982）ハワイ海山列の R.G.A. とリソスフェアの厚みの異常，地震 2, **35**, 293-301.

[35] 友田好文・鈴木弘道ほか（編）（1985）『地球観測ハンドブック』，東京大学出版会. 830p.

[36] 坪井忠二（1979）『重力』（第 2 版），岩波全書. 174p.

[37] Turcotte, D. L. and Schubert, G.(2002) Geodynamics, 2nd ed., Cambridge University Press. 456p.

[38] Vening Meinesz, F. A.(1929) "Theory and practice of pendulum observations at sea", Netherlands Geodetic Commision. 95p.

[39] Wahr, J. M.(1996) "Geodesy and Gravity(Class Notes)", Samizdat Press. 291p., http://landau.mines.edu/~samizdat

[40] Watts, A. B., and Talwani, M.(1974) Gravity anomalies of deep-sea trenches and their tectonic implications, *Geophys. J. R. astr. Soc.*, **36**, 57-90.

[41] Yoshii, T.(1973) Upper mantle structure beneath the north Pacific and the marginal seas, *J. Phys. Earth*, **21**, 313-328.

[42] Zumberge, M., Alnes, H. *et al.*(2008) Precision of seafloor gravity and pressure measurements for reservoir monitoring, *Geophysics*, **73**, WA133-WA141.

第3章 テクトニクスと重力異常

3.1 固体地球の熱対流

3.1.1 固体地球からの熱の放出

　Wegener (1912) が**大陸移動** (continental drift) 説を提唱したとき，地質学者だけでなく当時の地球物理学者も，駆動力がないのに大陸が動くはずはないと反対した．一方で 1896 年に放射能が発見され，20 世紀初頭には地球内部に**放射性熱源** (radioactive heat source) があることが判明した．鉛やヘリウムを用いた地球の年代測定の問題に取り組んでいたアーサー・ホームズ (A. Holmes) は，これら 2 つのことを結びつけて考えて，地球内部の熱を放出するためにマントルは**熱対流** (thermal convection) し，それが大陸移動をひき起こすと提唱した (Holmes, 1931)．図 3.1 に彼の仮説を示す（ルイス，2003）．その仮説はその後の**海洋底拡大** (seafloor spreading) 説の考え方と基本的に同じであるが (Meyerhoff, 1968)，それを裏づけるデータがあまりなく，学界に認められることはなかった．第二次大戦後，余剰となった連合国の艦船による海底調査が精力的に行われ，その観測結果に基づいて海洋底拡大説が提唱され (Dietz, 1961)，プレートテクトニクス仮説となり (Hess, 1960, 1962)，後述するように 1968 年ころその仮説がほぼ確立した．

　最近の観測データを用いて，固体地球から放出される熱を概算してみる．地球内部で発生した熱の一部は火山活動や温泉のように流体の移動によって運ば

第 3 章 テクトニクスと重力異常

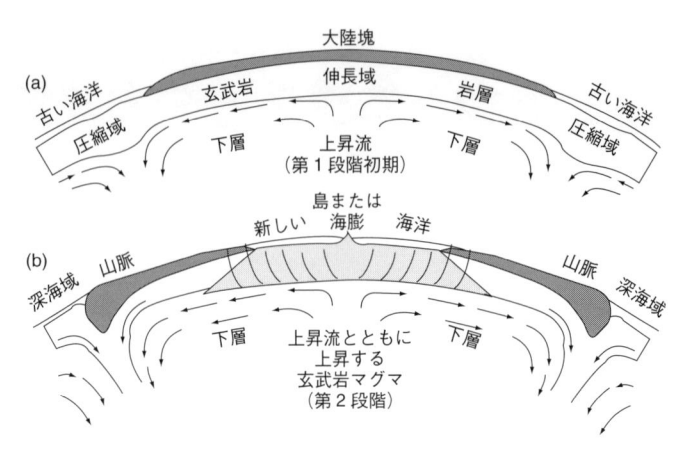

図 3.1 アーサー・ホームズのマントル対流，大陸の分裂，海洋底拡大の概念図
（ルイス（2003）の図 25 を改変）

れるが，その大部分は地殻の中を熱伝導によって運ばれるので，次式のように地球表層の温度勾配と熱伝導率を測定することにより，地球内部から放出される単位面積あたりの**地殻熱流量**（heat flow）Q を求めることができる．

$$Q = k\frac{\partial T}{\partial z} \tag{3.1}$$

ここで T は温度，z は鉛直方向の座標である．地殻熱流量 Q は大陸と海洋で異なっているので，それぞれ地殻の生成年代などに分けて集計し，流体によって運ばれる影響も考慮して，地殻熱流量の総計が約 46±3 TW（TW = tera watt = 10^{12} W）と推定されている（Jaupart *et al.*, 2007）．その内訳は，80 Myr より若い海底から 24.3 TW，それより古い海底から 4.4 TW，ホットスポットによる放熱が 2〜4 TW，大陸地殻から 14 TW となっている．

Korenaga（2008）は，その 46 TW の熱源に占める地殻内の放射性同位元素の崩壊を約 8 TW と推定している．マントルからの放熱量は約 38 TW となり，このうち放射性熱源の推定値は約 8.5 TW である．地殻熱流量の総計に占める放射性熱源の割合 $(8+8.5)/46 = 0.36$ を**ユーレイ比**（Urey ratio）といい，地球の熱史を考えるうえで重要なパラメータである．Korenaga（2008）によれば，マントルからの放熱量は地球史を通じてあまり変化していない．そのおかげで地球には何十億年にもわたって海が存在し生命を育んできたが，それを可能に

したのはプレートテクトニクスであるということに留意しておく必要がある．ユーレイ比は大きく変化しており，35億年ほど前までは1以上，25億年ころ0.5程度になり，その後ゆるやかに低下してきたと推定されている．

固体地球から放出される熱量のうち放射性内部熱源以外の29.5 TWが**固体地球の冷却**（cooling of the Earth）による放熱であると考えて，現在の固体地球の平均温度が1℃低下するのに要する時間を計算してみる．比熱はStacey（1992），質量はTurcotte and Schubert（以下T&Sと略記）（2002）による値を用いて，地殻・マントルおよび核の熱容量を求め，それを29.5 TWで割り，時間の単位を年（3.16×10^7 s）で表すと，求める時間 t（yr）は，

$$t = \frac{1.25 \times 10^3 \times 4.0866 \times 10^{24} + 0.75 \times 10^3 \times 1.883 \times 10^{24}}{29.5 \times 10^{12} \times 3.16 \times 10^7}$$
$$= 7.0 \times 10^6$$

となり，約700万年で1℃低下していることがわかる．Korenaga（2008）の推定に基づいて，固体地球の冷却は30億年ほど前から始まったとして概算すると，固体地球の平均温度は400℃ほど低下したことになる．

3.1.2 マントルの熱対流の必然性

熱を運ぶには，輻射，伝導，対流という3つの形態があるが，固体地球内部では基本的に伝導と対流により運ばれている．このうち(3.1)式で示す熱伝導はきわめて効率が悪い．地球のように熱伝導だけで地球内部の熱を放出することができない場合は，熱対流が起きる．このことは以下のような簡単な計算でわかる．熱伝導の式とエネルギーの保存則を合わせると，熱拡散の式が得られ

コラム2　地熱発電

原子力発電所も放射性同位元素の崩壊による熱を利用しており，1基約100万kW（10^9 W）の出力である．その熱効率はよくて3分の1だから，1基約300万kWの発熱である．これと比較すると，地球内部の放射性同位元素により原発1万基程度の熱が放出されていることになる．ただし地球の表面積も大きいので一般的には地熱発電は難しく，ごく限られた場所でのみ実用化されている．

第3章 テクトニクスと重力異常

表 3.1 次元解析により推定した熱伝導で熱が伝わる距離と時間
（一次元の熱伝導，熱拡散率〜10^{-6} m² s^{-1}）

空間スケール	時間スケール
1 mm	1 秒
0.3 m	1 日（86,400 秒）
5.6 m	1 年（3.16×10^7 秒）
56 km	1 億年
380 km	46 億年

る．次式で示す一次元の熱拡散の式に基づいて，次元解析により，熱伝導で熱が伝わる距離をみてみよう．

$$\frac{\partial T}{\partial t} = \kappa \frac{\partial^2 T}{\partial z^2} \tag{3.2}$$

ここで κ は熱拡散率である．この式を次元で示すと，[温度] / [時間] = κ [温度] / [距離]² となり，[時間] を τ とすると，[距離] = $[\kappa\tau]^{1/2}$ となる．$\kappa = 10^{-6}$ m² s^{-1} として，熱伝導で熱が伝わる距離の目安を表 3.1 に示す．この表に示すように，地球の年齢である 46 億年かかっても 380 km 程度しか熱が伝わらないので，厚さ約 2,900 km のマントルは，他のもっと効率の良い方法で熱を放出できなければ爆発するしかない．幸い岩石は高温になるとその鉱物の結晶がクリープを起こして変形し，また地球の岩石には水が含まれていてより変形しやすいという性質があるので，岩石からなるマントルは対流により熱を放出している．

3.1.3 マントルの熱対流の特徴

マントル対流（mantle convection）の必然性は，加熱に対する流体運動の線形安定性解析からも示すことができる．最も簡単なのは，一様な温度状態にあった二次元の矩形の流体を，上面の温度を一定に保ったまま下から加熱する場合である（T&S, 2002）．はじめは熱伝導で上面へと熱が伝わるが，加熱がある限界を超えると対流が始まる．対流が始まる条件は解析的に求めることができる．それはレイリー数（Rayleigh number）とよばれる無次元量 R_a がある閾値（臨界レイリー数とよばれる）を超えるときであり，その閾値は，滑る境界条件下で下面から加熱した場合は約 660，内部加熱の場合は約 870 である．下面から加熱した場合のレイリー数は $R_\mathrm{a} = \rho g \alpha \, \Delta T b^3 / (\mu\kappa)$ と表される．ここで，ρ は

3.1 固体地球の熱対流

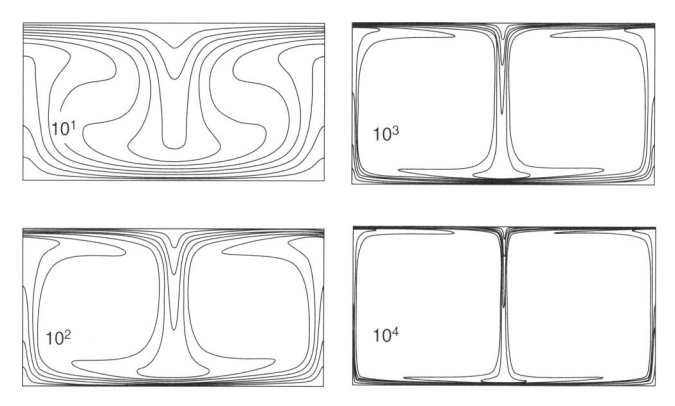

図 3.2 レイリー数の違いによる対流層内部の温度分布の違い
(Jarvis and Peltier (1989) の図 7.1 を改変)

流体の密度,g は重力,α は体積膨張率,ΔT は下面と表面の温度差,b は流体層の厚さ,μ は粘性率,κ は熱拡散係数である(T&S, 2002; 唐戸, 2011).

マントルの対流は基本的には内部熱源による対流であり,その場合は $R_a = \rho^2 g \alpha H b^5 / (k \mu \kappa)$ となる.H は単位質量あたりの発熱量,k は熱伝導率である.2つの R_a の式の違いは,上面における単位面積あたりの熱流量が,下から加熱する場合は $Q \sim k\Delta T/b$,内部熱源による場合は $Q \sim \rho H b$ となることを考えれば理解できる.後者の場合,上部マントルの厚さを 700 km とすると $R_a = 2 \times 10^6 (= 2.3 \times 10^3 \times R_{ac})$,厚さ 2,900 km の全マントルの場合 $R_a = 2 \times 10^9 (= 2.3 \times 10^6 \times R_{ac})$ となる(T&S, 2002).マントル対流に関しては,マントルの層の全体が対流を起こす(全マントル対流)か,上下2層に分かれた対流(2層対流)になっているかは大きな議論になっているが,上記の見積もりは,内部熱源をもつ地殻・マントルの厚さは十分大きく,マントルが2層に分かれていても対流は不可欠であることを示している.

レイリー数と臨界レイリー数の比(R_a/R_{ac})により,対流のパターンが変わることも重要である.その値の違いによる対流層内部の温度分布の違いを図 3.2 に示す(Jarvis and Peltier, 1989).図から明らかなように,R_a/R_{ac} が 10^3 を超えると対流層内部の温度(正確には鉛直の温度勾配)はほぼ一様になり,表層に薄い熱境界層(温度が急変する層)ができる.表層の薄い熱境界層は,厚さ 100 km 弱の低温,高粘性の岩石層に対応しており,プレートテクトニクスで

いうプレートに対応している．このことは，惑星地球の岩石圏の対流では，プレートテクトニクス的な対流は必然であることを示している．

マントル対流のもうひとつの特徴は，超高粘性の対流であるという点にある．そのため運動方程式は，温度に依存する密度変化の項と粘性項が釣り合うという簡単な式になる．ただし以上の議論は粘性が一様な場合であり，実際の地球では岩石の粘性が温度，圧力，歪速度などによって数桁以上も変化することを考慮する必要がある（唐戸，2011）．

3.1.4　半無限体の冷却モデル

マントルが対流している間に表面から熱伝導で冷やされて，表層に薄い**熱境界層**（thermal boundary layer）ができる．ここではその低温・高密度の層を**海洋リソスフェア**（oceanic lithosphere）とよぶことにする．実際には，海洋底の拡大軸から上昇した岩石が0℃に近い深海の海水によって冷却される．マントル対流の水平規模（海嶺から海溝までの距離であり数千km以上の場合が多い）に比べて熱境界層の厚さは十分薄いから，この冷却を一次元の熱伝導の問題として扱うことが可能であり，その解を解析的に求めることができる．上部マントルからT_0℃の岩石が上昇し，0℃の海水によって冷却されるとすると，その岩石層の温度Tは時間tと海底からの深さzの関数となり，次式のように誤差関数を用いて表される（T&S, 2002）．

$$T(t,z) = T_0 \operatorname{erf}(x), x = \frac{z}{2\sqrt{\kappa t}} \tag{3.3}$$

$$\operatorname{erf}(x) = \frac{2}{\sqrt{\pi}} \int_0^x e^{-\xi^2} d\xi \tag{3.4}$$

κは3.1.2項で示した熱拡散率である．誤差関数$\operatorname{erf}(x)$の値は，表3.2に示すように引数が0.7くらいまでは引数に近く，その後1.0に漸近する値を示す．$T_0 = 1,300$℃，6千万年の年代の海洋リソスフェアの温度構造を図3.3に示す．参考のために大陸リソスフェアの温度構造も示す．先に示した図3.2では対流

表3.2　誤差関数の表

x	0.0	0.200	0.477	0.684	0.850	0.900	1.166
$\operatorname{erf}(x)$	0.0	0.223	0.500	0.667	0.771	0.797	0.900

3.1 固体地球の熱対流

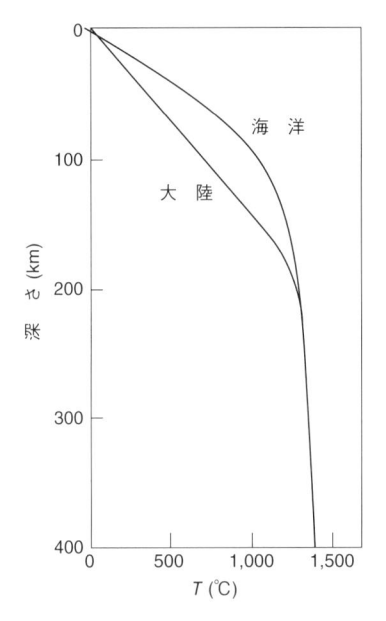

図 3.3 海洋リソスフェアと大陸リソスフェアおよびその下の上部マントルの温度構造
(Turcotte and Schubert（2002）の図 4-56 を改変)

層内の断熱温度勾配を除いた計算結果を示しているが，実際のマントル対流では，温度勾配の小さい部分でも $0.3 \sim 0.5\,\mathrm{K\,km^{-1}}$ 程度の断熱温度勾配があり，そこでは対流で熱が運ばれ，薄い熱境界層の部分では熱伝導で熱が運ばれる．

上に示した (3.3) 式はなかなか有用である．$T = 0.5T_0$ とおけば，元の温度の半分になる深さが時間とともにどのように変わるかを知ることができる．$\mathrm{erf}(x) = 0.5$ より誤差関数の表から $x = 0.477$ と求められる．すると (3.3) 式の第 2 式から $z = 0.95\sqrt{\kappa t} \fallingdotseq \sqrt{\kappa t}$ となり，3.1.2 項で次元解析から求めたのとほぼ同じ結果が得られる．

$T = (2/3)T_0$ のとき，$x = 1.37\sqrt{\kappa t}$ となる．ここまで，z は時間の単位を秒としたときの層の厚さ（m）であるが，時間の単位を 100 万年（Myr）としたとき，km 単位の層の厚さを d とする．するとこの温度より上の層の厚さ d_p（km）は，

$$d_\mathrm{p} = 7.7\sqrt{t} \quad (t: \mathrm{Myr}) \tag{3.5}$$

となる．東北沖で沈み込んでいる太平洋の海底の年代は約 130 Myr であり，上式から $d_p = 88$ km となる．地震波トモグラフィの解析から，東北沖で沈み込んでいる太平洋プレートの厚さは 90 km 程度であると推定されており（Zhao et al., 1994），上記の結果と概略一致する．これから推定すると，古い海底では，プレートの下面は上部マントル上部の温度 T_0（約 1,300℃）の 2/3 程度の温度ということになる．

地震波の表面波で推定される海洋リソスフェアの底面は，(3.3) 式で推定される約 1,000℃ の等温面に一致する（T&S, 2002）．$T_0 = 1,300$℃ とすると，$T = 0.77T_0$，$z = 1.7\sqrt{\kappa t}$ となり，底面の深さを d_s (km) とすると，

$$d_s = 9.5\sqrt{t} \quad (t : \text{Myr}) \tag{3.6}$$

と求められる．説明は省くが，年代に伴う地殻熱流量の変化も同様にして求めることができる（T&S, 2002）．

3.1.5　海洋リソスフェアの成長と海底地形

図 3.3 からわかるように，熱境界層としての海洋リソスフェアの厚さ d_l (km) を精密に定義することはできない．年代によるその変化を調べるために，ここではその底面は上昇した岩石の温度が 1 割だけ低下した面であるとして，$T = 0.9T_0$ とする．前項と同様な手順で，$z_l = 2.32\sqrt{\kappa t}$ となり，d_l (km) は次式で与えられる．

$$d_l = 13\sqrt{t} \quad (t : \text{Myr}) \tag{3.7}$$

温度場が (3.3) 式のように求められれば，冷却に伴う熱収縮により熱境界層が縮む量 Δz を算出できる．リソスフェアは水平方向には縮まないので，線膨張率ではなく，体積膨張率 α を用いる．

$$\Delta z = \alpha \int_0^\infty [T(t,z) - T_0] \, dz = -\alpha T_0 \int_0^\infty \left[1 - \text{erf}\left(\frac{z}{2\sqrt{\kappa t}}\right)\right] dz \tag{3.8}$$

$x = z/(2\sqrt{\kappa t})$ とおき，$dz = 2\sqrt{\kappa t}\,dx$ および $\int_0^\infty [1 - \text{erf}(x)] \, dx = 1/\sqrt{\pi}$ を用いると，

$$\Delta z = -2\alpha T_0 \sqrt{\kappa t} \int_0^\infty [1 - \text{erf}(x)] \, dx = -2\alpha T_0 \sqrt{\frac{\kappa t}{\pi}} \tag{3.9}$$

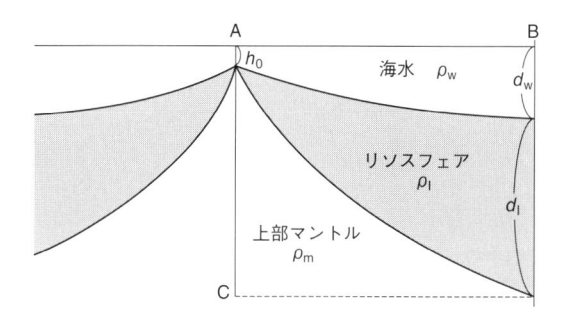

図 3.4　年代に伴う海洋リソスフェアの構造と水深の変化の概念図

となる．ここで上記のようにリソスフェアの底面の温度を $T = 0.9T_0$ とすると，リソスフェア内の収縮量は (3.9) 式で示す量の 93% であるが，収縮量のすべてを受けもつとしてリソスフェアの平均収縮量を見積もってみる．T&S（2002）に従って $\alpha = 3 \times 10^{-5}$，$T_0 = 1,300$℃ とすると，

$$\frac{\Delta z}{z_l} = -2\alpha T_0 \sqrt{\frac{\kappa t}{\pi}} \div 2.32\sqrt{\kappa t} = -0.019 \tag{3.10}$$

となり，熱収縮は約 2% であることがわかる．このことは，熱境界層としての海洋リソスフェアの平均密度は，その下のマントルに比べて約 2% 高いということを示している．

海洋リソスフェアが年代ととともに冷却すると，その熱収縮により海底の水深は増加する．熱収縮ではリソスフェア内の質量の変化は起こらないが，海水層の厚さが増加し，アイソスタシーから外れる．するとアイソスタシーを保つように海底がさらに沈降する．そこで年代によるこれらの影響を求めてみる．図 3.4 の模式図に示すように，海嶺 A と海盆部 B において，深さ C における圧力の釣り合いを考える．地殻構造の年代による変化はないとする．海水とリソスフェアの密度をそれぞれ ρ_w，ρ_l とし，海嶺 A におけるそれぞれの厚さを h_0，ゼロ，海盆部 B における厚さを d_w，d_l とし，上部マントルの密度を ρ_m とすると，水深の変化は以下のように求められる．

$$h_0 \rho_w + \rho_m (d_w + d_l - h_0) = d_w \rho_w + \rho_l d_l \tag{3.11}$$

ここで $\rho_w = 1.030\,\mathrm{kg\,m^{-3}}$，$\rho_m = 3,300\,\mathrm{kg\,m^{-3}}$，$\rho_l = \rho_m \times 1.019$ とすると，

第3章 テクトニクスと重力異常

$$d_\mathrm{w} - h_0 = d_\mathrm{l} \frac{\rho_\mathrm{l} - \rho_\mathrm{m}}{\rho_\mathrm{m} - \rho_\mathrm{w}} = 0.027 d_\mathrm{l} \tag{3.12}$$

(3.7) 式を用いて，年代による水深の変化を表すと

$$d_\mathrm{w} - h_0 = 0.35\sqrt{t} \quad (t:\mathrm{Myr}) \tag{3.13}$$

となる．

海底の年代と水深の関係を調べた結果，70 Myr 程度の年代までは半無限体の冷却モデルから推定される (3.13) 式が成立するが，それを過ぎると水深の増加傾向は推定値より小さくなり，一定値に近づく傾向があるといわれてきた (Parsons and Sclater, 1977)．しかし最近 Korenaga and Korenaga (2008) が三大洋において，ホットスポットや海台の影響がある海域を除いて水深データを再解析したところ，(3.13) 式の 0.35 を 0.32 とした次式で，すべての年代の水深データを近似できるという結果が得られた．

$$d_\mathrm{w} - h_0 = 0.32\sqrt{t} \quad (t:\mathrm{Myr}) \tag{3.14}$$

これまで年代の大きい海域の水深および地殻熱流量のデータが半無限体の冷却モデルに合わないとされていたのは，西太平洋の海底に顕著なように，ホットスポットや海台の影響が含まれていたためであろう．なお，(3.10) 式で用いた体積膨張率 α が，上部マントルの平均値といわれる 3×10^{-5} より 1 割小さい 2.7×10^{-5} 程度であれば (3.14) 式になり，観測結果を説明できる．この場合，リソスフェアの平均密度はアセノスフェアより 1.7% 高くなる．

(3.14) 式によれば，海洋底の平均片側拡大速度を年間 5 cm とすると，20 Myr の間に，海底は水平方向に 1,000 km 移動し，水深は 1.4 km 増加することになる．大洋中央海嶺とよばれる海底大山脈はこのようにして形成される．中央海嶺の水深は 2,600 m 程度であるので，1 億年の年代の水深は 5,800 m ほどになる．

半無限体の冷却モデルは，マントルが対流している間に，0℃に近い深海の海水に接している表面が熱伝導で冷えるというマントル対流ではごく自然なモデルであり，このモデルでリソスフェアの冷却過程が説明できることは，リソスフェアとアセノスフェアのモデリングのみならず，マントル対流のモデリングにおいても重要である．水深の変化だけでなく，2.2.4 項で述べたように，リソスフェアの厚さの変化を直接反映しているはずのマントルブーゲー異常も同様なモデルを支持している．

3.2 プレートテクトニクス

3.2.1 プレートテクトニクス仮説の要点

　惑星地球の重要な特徴のひとつは，固体地球が活動しており，**プレートテクトニクス**（plate tectonics）が支配的であるということである．3.1.2 項で述べたように，内部熱源を有する厚い岩石圏があり，豊富な水がある地球では，岩石圏の熱対流は必然である．3.1.3 項で示したように，その熱対流の表面には薄い熱境界層が形成され，プレート的な運動が起きることも必然である．その運動の現象論的な特徴を統一的に説明したのがプレートテクトニクス仮説であり，以下にその要点をまとめる（詳しくは，上田（1989），瀬野（1995）などを参照されたい）．

❹ プレートが固体地球を覆う

　固体地球の表層部は，20 枚程度の剛体的に振る舞う薄い球殻（これをプレートとよぶ）に分割できる．プレートの剛体運動という概念はモーガン（W. J. Morgan）が 1967 年に提唱し，同じころウィルソン（J. T. Wilson）がプレートテクトニクスという言葉を提唱したといわれている．Le Pichon（1968）はこれらの考えに従い，海底の観測データに基づいて先導的な研究を行い，地表を 6 個のプレートに分け，それらの相対運動を示した．そのモデルは大陸移動や造山運動だけでなく，地震の分布やその発生機構など，それまで地殻活動の研究における重要な問題となっていた現象をよく説明するということが示され（Isacks et al., 1968），このころプレートテクトニクス仮説の原型ができたといえる．

❺ プレートの相対運動

　各プレートは，それぞれ独自に球面上で運動している．このプレートの実体は，基本的には，3.1.3 項で述べた海底表層 100 km 弱の低温で固い熱境界層である海洋リソスフェアである．低粘性層のアセノスフェアがその下にあることで海洋リソスフェアは地球深部とは独立な運動をしており，それが固体地球表層の運動を担っており，大陸はそれに従って動く（Hess, 1962）というのがプレートテクトニクス仮説である．図 3.5 に示すように，その相対運動は，オイラー（Euler）極とよばれるある回転中心の周りの回転運動になる．したがって，プレートの相対運動は，オイラー極（緯度，経度）と回転の角速度により決ま

第 3 章　テクトニクスと重力異常

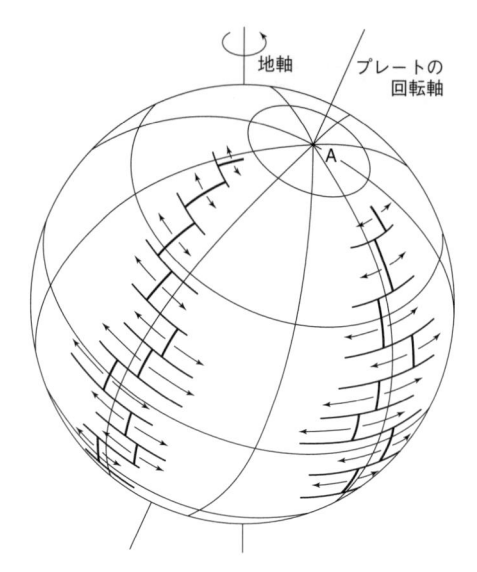

図 3.5　球面上のプレートの剛体運動は回転運動であることを示す模式図
A がオイラー極である．（Heirtzler et al.（1968）の図に加筆）

るので，後述するグローバルなプレート運動モデルにより，注目する 2 つのプレート間の相対運動を任意の場所で計算することができる．

上述の Le Pichon（1968）のプレート運動モデルに続いて，プレートの数を増やし最小二乗法を用いた解析を発展させて，グローバルなプレート運動モデルが出された（Minster and Jordan, 1978）．さらにその後飛躍的に増加した観測データに基づいてまとめられた NUVEL-1A（DeMets et al., 1994）が現在広く使われている．

ⓒ 3 種類のプレート境界

相対運動を行っている**プレートの境界**（plate boundary）は，Isacks et al.（1968）が示したように，以下の 3 種類で構成されている（図 3.6）．

- プレートを生成する発散型境界：大洋中央海嶺
- プレート間の横ずれ断層：トランスフォーム断層
- プレートを消費する収束型境界：沈み込み帯

海洋底の拡大や大陸移動，造山運動，環太平洋の地震・火山帯，深発地震面の

3.2 プレートテクトニクス

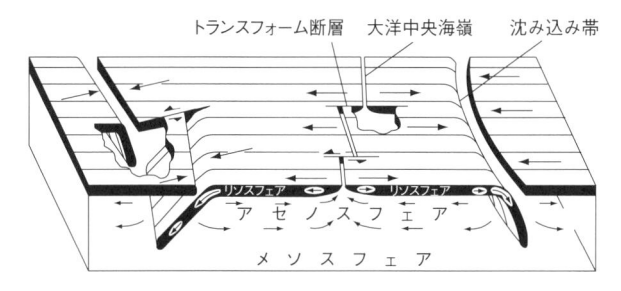

図 3.6　3 種類のプレート境界の模式図
（Isacks *et al.*（1968）の図に加筆）

存在など固体地球の多くの現象は，この 3 種類の境界におけるプレートの相対運動によって説明可能となった．海洋底の拡大軸の大きな食い違いをトランスフォーム断層がつなぐという概念（Wilson, 1965）は，剛体的なプレートが拡大するという，一見矛盾すると思われる難しい問題を解決した．ただし，3 種類のプレート境界のうち，剛体的に振る舞っていたプレートが沈み込むメカニズムは，現在でも重要な研究課題となっている．

　図 3.5 に示すように，2 つのプレート間の横ずれ断層は，相対運動の回転中心であるオイラー極の周りの小円になるので，オイラー極の推定に利用されている（Morgan, 1968）．プレート境界で起きる地震の発震機構が示す滑りの向きもオイラー極の推定に有用である．上述のプレート運動モデルはこれらの研究成果を用いている．

D　プレートの絶対運動

　マントル深部からマグマがプルーム状に継続的に上昇し，プレート運動に伴って海底が移動することにより，その上の**ホットスポット**（hot spot）とよばれる場所で海山列を形成するというホットスポット仮説（Wilson, 1963a, 1963b）が提唱され，ハワイ・天皇海山列などの海山列の年代を調べることにより検証された．このことはプレートの運動がその下の上部マントルとは独立の運動をしていることを示しており，プレートの絶対運動を決めるうえで重要である．Morgan（1972）は，いくつかのホットスポットについて，それらの相対位置と自転軸に対する位置が，かなり安定していることを確認し，ホットスポットを静止点としてプレートの絶対運動を求めた．

第3章 テクトニクスと重力異常

❺ ウィルソン（Wilson）・サイクル――大陸の離合集散のサイクル

プレート運動を担うのは海洋底の拡大と沈み込みの運動であり，相対的に軽い地殻をもつ大陸は海洋底の動きに伴って動くが沈み込まない．収束型境界は基本的に大陸の縁辺部にあり，最終的には大陸どうしの衝突帯となる．このことが続くと，大部分の大陸が集合することになる．図3.3に示したように，大陸のリソスフェアは海洋リソスフェアに比べて温度勾配が小さいので，熱を放出しにくく，地球に対する毛布の役割を果たす．大陸地殻は放射性同位元素を多く含んでいるので，いわば電気毛布である．大陸が集まるとその下部には熱が溜まる．その結果，その熱を放出するために対流運動が起こり，大陸分裂が起こり，やがて海洋底が拡大を開始する．このようにして大陸の離合集散のサイクルが繰り返される（Wilson, 1966）．その周期は3～4億年といわれている（たとえば，Korenaga, 2008）．

3.2.2　大陸移動説およびプレートテクトニクス仮説の検証

❶ 古地磁気

高温の岩石は，冷えてキュリー（Curie）温度以下になるとき，そのときの地球磁場を自然残留磁気として記録する．このことを利用して過去の地球磁場を調べる**古地磁気学**（paleomagnetism）の研究が1950年代に普及した．北米とヨーロッパの岩石から古地磁気極を求める研究は，荒唐無稽な説と考えられていた大陸移動説を復活させることとなった（Irving, 1956; Runcorn, 1956）．Bullard et al. (1965) は，大陸地殻の境界は大陸棚の境界線であることに注目し，大西洋を閉じると大西洋の両側の大陸地殻の形状がほぼぴったり合うことを示し，大陸移動説の確からしさを検証した．さらに地球磁場のN極とS極は過去に頻繁に入れ替わっていることがわかり，同じころ精度が向上したK-Ar法による火山岩の年代測定を用いて，過去約450万年にわたる地球磁場反転の歴史が明らかになった（Cox et al., 1964）．

❷ 地磁気の縞状異常

海洋底の拡大過程の研究には，航走する船で観測できる水深，重力，地磁気という地球物理観測が重要な役割を果たしたが，なかでも地磁気の研究は，陸上の研究と相まって特筆すべき役割を果たした．拡大軸でマグマから生成された海洋地殻の岩石が冷却しキュリー温度以下になる時点で，そのときの地球磁

場を記録するという仮説（Vine and Matthews, 1963）は，それまで謎であった中央海嶺の拡大軸に平行な縞状の地磁気異常が，過去の地球磁場の反転の記録であり，海洋底の拡大を示す決定的な証拠であることを示した．海上の地磁気測定から海底の磁場分布を求め，海底の生成年代のマッピングを行うことが可能となり，海洋底の拡大速度や海洋底生成活動の時空間変動を明らかにすることもできるようになった．主に北太平洋や南極大陸に近い太平洋，南大西洋で調査が進められ，南大西洋の拡大速度は一定であったと仮定して年代を外挿し，約 8,000 万年の間に約 170 回の逆転が起こったという地磁気逆転史が明らかになった（Heirtzler et al., 1968）．

　地磁気逆転史の研究については，海底堆積物に含まれる磁化鉱物が堆積時の地磁気の向きに整列することが明らかとなり，堆積物の柱状採泥試料を用いて過去の地球磁場変動を連続的に調べる研究も進められた（たとえば，Opdyke, 1972）．こうして，陸上の火山岩，海底の基盤岩，海底堆積物それぞれから求められた地磁気逆転史が定量的に一致することが確認され，地磁気逆転とともに海洋底の拡大をより確かなものにした．

❸ 深海底掘削

　地磁気逆転史の研究で推定された海洋底拡大の歴史を検証することを主目的のひとつとして，1968 年に始まった深海掘削計画（Deep Sea Drilling Project, DSDP）の下で深海底の掘削が行われた．堆積層を貫いて基盤岩まで掘削し，その間の地層をコアサンプルとして採取した．堆積層の地層から過去の地磁気の変動記録が得られるとともに，中に含まれる微化石の種類から，海底から基盤岩直上までの堆積層の年代が決められ，基盤岩の年代測定から海洋底の生成年代が決められた．それらの結果は，南大西洋の拡大速度が一定であったと仮定して求められた地磁気逆転史の絶対年代がほぼ正しかったということを示すとともに，プレートテクトニクス仮説の最終的な検証となり，ロシアや日本で盛んだったその仮説に対する反論も消えていった（泊，2008）．深海掘削による海底堆積物の研究は，現在では，南極の氷床コアの研究とともに，過去の地球環境の研究を担っている．

❹ 測地観測

　大陸の移動やプレートの運動を実測することは地球科学の重要な課題のひとつであったが，天文測位による測地学的観測には無理な要求であった．これを

解決したのが，第2部で詳しく紹介する宇宙測地学である．その脅威的な測位精度を最初に実現したのは第1，2章で紹介したVLBI観測である．この観測により，各プレートの運動速度は一定であり，地質学的時間スケールで推定したプレート運動モデルとよい一致を示すことが初めて明らかになった（たとえば，Coates et al., 1985）．

プレート運動だけでなく，プレート内部の変形まで明らかにしたのはGPSであり，第2部で詳しく述べる．ここでは，日本の研究者の貢献の一端を紹介しておく．Heki et al.（1993）は，プレート境界である大西洋中央海嶺上にあるアイスランドのGPS観測結果に基づいて，プレート境界から数百km離れるとプレート運動は一定であるが，プレート境界に近づくにつれてその運動は間欠的になることを示した．Sagiya et al.（2000）は新潟–神戸歪集中帯のように，プレート全体が剛体的に振る舞うのではなく，強度が弱く，歪が集中する部分があることを示した．

3.2.3　プレートとその運動の駆動力

プレートテクトニクス仮説は，固体地球に関するほとんどすべての地学現象を統一的な地球観で説明することに成功したが，基本的に地球表層の現象論であり，プレートの実体やその運動を固体地球の熱対流の枠組みで理解することは今日的課題である．

プレートに類する考え方は以前からあり，Barrell（1914）は，固体地球表層の固い層の下に比較的柔らかい層があると推察し，それぞれリソスフェアとアセノスフェアと名づけている．プレートテクトニクス仮説成立のころから，薄くて固い層であるプレートの実体は基本的にはマントル対流の表層に形成された薄い熱境界層すなわちリソスフェアであろうという考え方もあった（Dietz, 1961; Elsasser, 1971）．Walcott（1970）はアイソスタシーの解析から海洋リソスフェアの厚さは70〜80 km程度と推定し，Kanamori and Press（1970）は，海面下70 km付近で地震波の横波の速度が急減することを発見し，そこがリソスフェアとアセノスフェアの境界であろうと推定した．

S波の低速度から，アセノスフェアの上面は部分溶融していると解釈された．第2章で述べたように，年代に伴う海底の水深およびマントルブーゲー異常に注目し，この部分溶融層が冷却されることよってリソスフェアが成長するとい

うモデルが提唱され（Kono and Yoshii, 1975），図 2.7 に示したように，太平洋の人工地震探査の結果をまとめて得られたマントルブーゲー異常は，このモデルでよく説明できる（Fujimoto and Tomoda, 1985）．しかし唐戸（2000）は物質科学の観点から，中央海嶺から離れたアセノスフェアで部分溶融を起こすことは容易ではないと指摘した．最近，海底掘削孔内の地震観測に基づいて，比較的若いフィリピン海プレートだけでなく古い年代の太平洋プレートの下でも，アセノスフェア上面の明瞭な反射面と S 波の速度低下が発見され（Kawakatsu et al., 2009），その下にも部分溶融層があるのかと話題になった．この観測で明らかになった海洋リソスフェアの厚さは年代の平方根にほぼ比例しており，日本の東北沖で沈み込む太平洋プレートの厚さが 80〜90 km であるという地震波トモグラフィによる推定（Zhao et al., 1994）ともよく合っている．この結果について，唐戸（2011）は，広範囲でメルトを保持することも困難であり，速度低下は結晶粒界が弱くなるなど固体の性質の変化で説明するのがよいのではないかと述べている．アセノスフェア上面の実態については今後とも研究が必要であるが，プレートテクトニクスで想定しているような海洋リソスフェアが実在するということは明らかになったといえよう．

次にその海洋リソスフェアの運動であるが，その下のマントルとは独自の運動をしているということが本質的に重要である．このことは，マントルに固定されたホットスポットの上をプレートが動くことにより形成されると解釈される海山列の形成や，海洋底の拡大域である中央海嶺の沈み込みなどの観測事実を説明するために不可欠である．リソスフェアがその下のアセノスフェアと相対運動を行うためには，その間の大きな粘性比が不可欠である．Elsasser（1971）は，Weertman（1970）のレオロジーの研究を参考にして，アセノスフェアの粘性を 10^{19}〜10^{20} Pa s と推定し，粘性の温度依存性からリソスフェアの粘性はそれより 3〜4 桁大きいだろうと推定した．この推定は今から考えてもほぼ妥当である．たとえば，最近のプレート沈み込みのモデル（Hashimoto et al., 2008）では，リソスフェアの粘性を 5×10^{23} Pa s，アセノスフェアの粘性を 5×10^{18} Pa s として，5 桁ほどの違いを想定している．したがって，プレート運動が地球内部の熱を放出するマントルの熱対流の一部であるということに違いはないが，プレートがその下のマントルとは独自の運動を行うことは不自然ではないといえよう．

次の問題は，プレート運動の原動力である．Elsasser (1971) は，海底の大部分は張力場であることや，長大なトランスフォーム断層の存在や中央海嶺の沈み込みなどから，低温のために比重が増した海洋リソスフェアの沈み込みがプレート運動をひき起こすと考えた．このモデルを定量的に検証するために，熱収縮を受けた高密度の海洋リソスフェアが海溝で下向きに沈み込み，その負の浮力がマントルの粘性と釣り合うと仮定して解析が行われ，年間数 cm という，実態に合う沈み込み速度の推定値が得られている (Turcotte and Oxburg, 1967; 唐戸, 2011)．その後 Forsyth and Uyeda (1975) は，Morgan (1972) によるプレートの絶対運動モデルから各プレートの平均絶対速度を求め，その速度は各プレートの沈み込み帯の長さと非常によい相関があることを見出した．さらにプレートに加わる各種の力との関係を解析し，海洋プレートは沈み込むスラブに引っ張られて動いているという結論に達した．

3.3 プレート沈み込みのモデリング

前節で述べた結論は大筋としては正しいと考えられるが，問題は剛体的に振る舞う固い球殻が地震を起こしながら間欠的に沈み込んでいるということである．マントル対流の駆動力としてはプレートの負の浮力による沈み込みが重要ということであるので，重力異常はそのモデリングの重要な制約条件である．沈み込み帯のフリーエア異常は，海溝付近の 200 mGal 前後の負の異常と，その約半分の大きさの島弧周辺における正の異常と，またその約半分の大きさの海溝海側の正の異常で特徴づけられる (Watts and Talwani, 1974; Tomoda and Fujimoto, 1982; Sandwell and Smith, 1997)．これらの重力異常は，沈み込みが静的なアイソスタシーの状態ではなくダイナミックな重力均衡の状態にあることを示しており，重力異常の定量的な解析にもプレートテクトニクスのモデリングが重要である．

そのようなモデリングにおける最大の問題は，高粘性のリソスフェアの沈み込みを発生させることである．海洋リソスフェアの強度についてはこれまで主にKohlstedt et al. (1995) のモデルが用いられてきたが，このモデルでは強度がありすぎて海溝におけるリソスフェアの沈み込みは起こらない．そこでプレート境界に相当する部分に粘性の低い層を形成するために，一定以上の応力がかか

3.3 プレート沈み込みのモデリング

(a) 初期構造

海洋プレート　上盤プレート
θ
低粘性層
熱構造の異常
1,320 km
4,500 km または 6,000 km

(b) 時間に依存した低粘性層 (6 km)
★ (亀裂)
τ_Y　τ_F
低粘性層でなくなる深さ

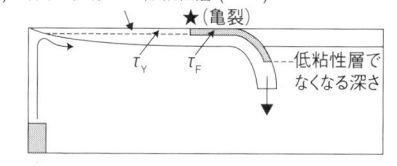

図 3.7 リソスフェア沈み込みの数値モデル
(a) 初期条件を示しており，上盤のリソスフェアとの間に低粘性層を仮定している．
(b) その後の海洋リソスフェアの沈み込みを示しており，海洋地殻が低粘性層の役割を果たしている．
(Tagawa *et al.*, 2007)

るとリソスフェアの強度が低下するゾーンを設定するモデル（Bercovici, 2003）などが提案されている．

多くのモデリングが行われているが，Tagawa *et al.*（2007）は，水を含んだ海洋地殻が応力を受けると過去の断層運動で生じた亀裂のために低粘性層として振る舞うというモデル（図 3.7）を採用している．このモデルでも沈み込みの開始は強制的であるが，沈み込みが始まると海洋地殻が低粘性層の役目を果たし，リソスフェアの沈み込みが続く点は評価できる．重力の計算はしていないが，表面の地形の上下運動から推定すると，上記の重力異常のパターンは説明できるとしている．図 3.7 の右側にある上盤のリソスフェアが高粘性で動かない場合には，海溝軸の位置が動かず高角度の沈み込みが起こり，海溝軸が後退できる場合には斜め沈み込みが起こるなど，いろいろなスラブの形状も説明できるとしている．

このようなマントル対流からのアプローチは，プレート運動の駆動力も生み出し，一般的なモデルとしては重要である．しかし地震の発生をモデル化することが難しく，個別の沈み込み帯のモデリングにおいて，地震学的・測地学的

第 3 章　テクトニクスと重力異常

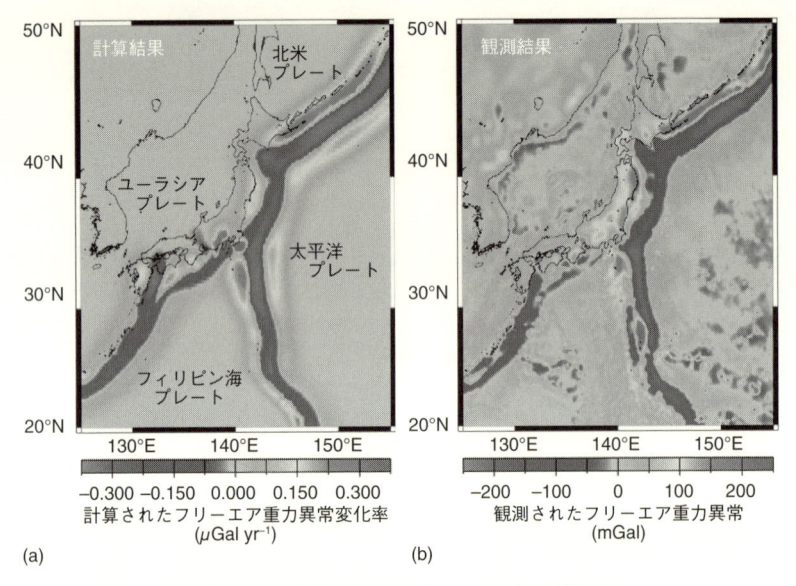

図 3.8　日本周辺域のフリーエア重力異常分布
（a）三次元の数値シミュレーションによる重力異常の変化率（Hashimoto et al., 2008），
（b）観測結果（Sandwell and Smith, 1997）．

（カラー図は口絵 1 を参照）

観測データとの突き合わせが難しいという問題があった．
　そこで逆の視点に立ち，プレート運動速度を与え，プレート境界における断層運動の繰返しにより地形や重力異常のパターンを形成するという沈み込みの二次元モデル（たとえば，Sato and Matsu'ura, 1992）が提唱されている．このモデルを発展させた三次元モデル（Hashimoto et al., 2008）により，日本周辺におけるプレートの沈み込みのモデリングが行われている．図 3.8a はこのモデルにより得られた上下方向の地殻変動のマップであるが，フリーエア異常の特徴を示すと解釈してよい．得られた結果は，図 3.8b に示すように観測されたフリーエア異常（Sandwell and Smith, 1997）の特徴をみごとに表している．このモデルでは，粘弾性のリソスフェアを NUVEL-1A のプレート運動モデル（DeMets et al., 1994）に従って運動させ，震源分布のデータに基づいて与えたプレート境界の形状に沿って沈み込ませている．このモデルで海溝軸の折れ曲がりも表現されていることは重要であり，浦河沖や日向灘沖など海溝軸の折れ

曲がりの陸側にある負のフリーエア異常もよく再現されている．観測された重力異常と比べると，海溝の海側の正の異常がやや大きすぎる．このモデルでは沈み込むプレートの密度差が考慮されていないので，重力を計算すると海溝の海側の正の異常はさらに大きくなる可能性がある．このことは，海溝の海側で正断層地震が起きることにより，実質的なリソスフェアの粘性が小さくなっていることを示していると解釈できる．その他細かい点では，房総沖と四国沖，九州で正の異常が大きすぎる．プレートの会合付近であるので，プレート境界についてより詳しい形状が必要なのであろう．

　東北地方の重力異常をさらに詳しくみると，三陸付近では正のフリーエア異常のピークは海岸付近にある．しかし上下方向の地殻変動の分布はこの特徴とは異なっており，内陸部で緩やかな上昇を示し，三陸の海岸付近でほぼゼロであり，太平洋下の海底は沈降を示している．Hashimoto et $al.$（2008）は，プレートの沈み込みに伴う陸側プレート下部の侵食作用を上記の三次元モデルに組み込み，この問題を解析した．その侵食作用がない場合は海岸付近で上向きの地殻変動が最大となり，フリーエア重力異常の分布と合う結果となるので，それほど古くない時期（400～300万年前ころ）から浸食作用が始まった（高橋，2009）という地質学的研究の成果とも合うし，重力異常も現在の地殻変動も説明できると結論づけている．

　この三次元のプレート運動モデルは，島弧・海溝系の重力異常の大勢をよく説明できるうえに，東日本において地震活動が静穏だった時期のGPS観測データを与えると，過去の大地震の震源域とよく一致する固着域が得られる（Hashimoto et $al.$, 2009）という意味でも重要である．しかしプレート運動のモデリングという意味では，自重でプレートが沈み込む効果が重要と考えられるので，この三次元のプレート運動モデルとリソスフェアの沈み込みをモデル化したマントル対流の統合が今後の課題であろう．

◉ 参考文献

[1] Barrell, J.（1914）The strength of the Earth's crust part IV: Relations of isostatic movements to a sphere of weakness – The asthenosphere, $J.$ $Geol.$, **22**, 655-683.
[2] Bercovici, D.（2003）The generation of plate tectonics from mantle convection,

Earth. Planet. Sci. Lett., **154**, 139-151.

[3] Bullard, E., Everett, J. E., et al. (1965) The fit of the continents around the Atlantic, *Phil. Trans. R. Soc. Lond.*, **1088**, 41-51.

[4] Coates, R. J., Frey, H. et al. (1985) Space-age geodesy: The NASA Crustal Dynamics Project, *IEEE Trans. Geosci. Remote Sensing*, GE-**23**, 360-368.

[5] Cox, A., Doell, R. R., et al. (1964) Reversals of the Earth's magnetic field, *Science*, **144**, 1537-1543.

[6] DeMets, C., Gordon, R. G. et al. (1994) Effect of recent revisions to the geomagnetic reversal time scale on estimates of current plate motions, *Geophys. Res. Lett.*, **21**, 2191-2194.

[7] Dietz, R. S. (1961) Continent and ocean basin evolution by spreading of the sea floor, *Nature*, **190**, 854-857.

[8] Elsasser, W. M. (1971) Sea-floor spreading as thermal convection, *J. Geophys. Res.*, **76**, 1101-1112.

[9] Forsyth, D. W. and Uyeda, S. (1975) On the relative importance of the driving forces of plate motions, *Geophys. J. Royal. astr.. Soc.*, **43**, 163-200.

[10] Fujimoto, H. and Tomoda, Y. (1985) Lithosphere thickness anomaly near the trench and possible driving force of subduction, *Tectonophysics*, **112**, 103-110.

[11] Hashimoto, C., Sato, T. and Matsu'ura, M. (2008) 3-D simulation of steady plate subduction with tectonic erosion, *Pure Appl. Geophys.*, **165**, 567-583.

[12] Hashimoto, C., Noda, A. et al. (2009) Interplate seismogenic zones along the Kuril–Japan trench inferred from GPS data inversion, *Nature Geosci.*, **2**, 141-144.

[13] Heirtzler, J. R., Dickson, G. O. et al. (1968) Marine magnetic anomalies, geomagnetic field reversals, and motion of the ocean floor and continents, *J. Geophys. Res.*, **73**, 2119-2136.

[14] Heki, K., Foulger, G. R. et al. (1993) Plate dynamics near divergent boundaries: Geophysical implications of postrifting crustal deformation in NE Iceland, *J. Geophys. Res.*, **98**, 14279-14297.

[15] Hess, H. H. (1960) "Evolution of ocean basins", preprint. 38p.

[16] Hess, H. H. (1962) History of ocean basins, in "Petrologic Studies" (ed. Engel, A. E. J., et al.), pp.599-620, Geological Society of America.

[17] Holmes, A. (1931) Radioactivity and Earth movements, *Geol. Soc. Glasgow Trans.*, **18**, 559-606.

[18] Irving, E. (1956) Palaeomagnetic and palaeoclimatological aspects of polar wandering, *Geofis. Pura Appl.*, **33**, 1-20.

[19] Isacks, G., Oliber, J., *et al.*（1968）Seismology and the new global tectonics, *J. Geophys. Res.*, 5855-5899.
[20] Jarvis, G. T. and Peltier, W. R.（1989）Convection models and geophysical observations, *in* "Mantle Convection"（ed. Peltier, W. R.）, pp.479-593, Gordon and Breach Science Publishers.
[21] Jaupart, C., Labrosse, S., *et al.*（2007）Temperatures, heat and energy in the mantle of the Earth, *in* "Treatise on Geophysics"（ed. Schubert, G.）, Vol.7, pp.253-303, Elsevier.
[22] Kanamori, H. and Press, F.（1970）How thick is lithosphere? *Nature*, **226**, 330-331.
[23] 唐戸俊一郎（2000）『レオロジーと地球科学』，東京大学出版会．251p.
[24] 唐戸俊一郎（2011）『地球物質のレオロジーとダイナミクス』，地球科学シリーズ第14巻，第2部，共立出版．
[25] Kawakatsu, H., Kumar, P. *et al.*,（2009）Seismic evidence for sharp lithosphere-asthenosphere boundaries of oceanic plate, *Science*, **324**, 499-502.
[26] Kohlstedt, D. L., Evans, B., *et al.*（1995）Strength of the lithosphere: Constraints imposed by laboratory experiments, *J. Geophys. Res.*, **100**, 17587-17602.
[27] Kono, Y. and Yoshii, T.（1975）Numerical experiments on the thickening plate model, *J. Phys. Earth*, **23**, 63-75.
[28] Korenaga, J. (2008) Plate tectonics, flood basalts and the evaluation of Earth's oceans, *Terra Nova*, **20**, 419-439.
[29] Korenaga, T. and Korenaga, J.（2008）Subsidence of normal oceanic lithosphere, apparent thermal expansivity, and seafloor flattening, *Earth. Planet. Sci. Lett.*, **268**, 44-51.
[30] Le Pichon, X.（1968）Sea-floor spreading and continental drift, *J. Geophys. Res.*, **73**, 3661-3695.
[31] ルイス，チェリー（2003）高柳洋吉訳，『地質学者アーサー・ホームズ伝』，古今書院．290p.
[32] Meyerhoff, A. A.（1968）Arthur Holmes: Originator of spreading ocean floor hypothesis, *J. Geophys. Res.*, **73**, 6563-6565.
[33] Minster, J. B. and Jordan, T. H.（1978）Present-day plate motions, *J. Geophys. Res.*, **83**, 5331-5354.
[34] Morgan, W. J.（1968）Rises, trenches, great faults, and crustal blocks, *J. Geophys. Res.*, **73**, 1959-1981.
[35] Morgan, W. J.（1972）Deep mantle convection plumes and plate motions, *Am. Assoc. Petrol. Geol.*, **56**, 203-213.

[36] Opdyke, N. D. (1972) Paleomagnetism of deep-sea cores, *Rev. Geophys. Space Phys.*, **10**, 213-249.

[37] Parsons, B. and Sclater, J. G. (1977) An analysis of the variation of ocean floor bathymetry and heat flow with age, *J. Geophys. Res.*, **82**, 803-827.

[38] Runcorn, S. K. (1956) Palaeomagnetic comparisons between Europe and North America, *Proc. Geol. Assoc. Can.*, **8**, 77-85.

[39] Sagiya, T., Miyazaki, S., and Tada, T. (2000) Continuous GPS array and present-day crustal deformation of Japan, *Pure Appl. Geophys.*, **157**, 2303-2322.

[40] Sandwell, D. T. and Smith, W. H. F. (1997) Marine gravity anomaly from Geosat and ERS 1 satellite altimetry, *J. Geophys. Res.*, **102**, 10039-10054.

[41] Sato, T. and Matsu'ura, M. (1992) Cyclic crustal movement, steady uplift of marine terrace, and evolution of the island arc-trench system in southwest Japan, *Geophys. J. Int.*, **111**, 617-629.

[42] 瀬野徹三（1995）『プレートテクトニクスの基礎』，朝倉書店．190p.

[43] Stacey, F. D. (1992) "Physics of the Earth", 3rd ed., Brookfield Press. 513p.

[44] Tagawa, M., Nakakuki, T. *et al.* (2007) The role of history-dependent rheology in plate boundary lubrication for generating one-sided subduction, *Pure Appl. Geophys.*, **164**, 879-907.

[45] 高橋雅紀（2009）北海道中軸部のテクトニクスに基づく日本海溝の造構性浸食量の見積もり，日本地球惑星科学連合 2009 年大会，J245-P001.

[46] 泊 次郎（2008）『プレートテクトニクスの拒絶と受容』，東京大学出版会．268p.

[47] Tomoda, Y. and Fujimoto, H. (1982) Maps of gravity anomalies and bottom topography in the western Pacific and reference book for gravity and bathymetric data, Bull. Ocean Res. Inst., Univ. Tokyo, **14**, 258p.

[48] Turcotte, D. L. and Oxburg, E. R. (1967) Finite amplitude of convective cells and continental drift, *J. Fluid Mech.*, **28**, 29.

[49] Turcotte, D. L. and G. Schubert (2002) "Geodynamics", 2nd ed., Cambridge University. Press. 456p.

[50] 上田誠也（1989）『プレート・テクトニクス』，岩波書店．268p.

[51] Vine, F. J. and Matthews, D. H. (1963) Magnetic anomalies over oceanic ridges, *Nature*, **199**, 947-949.

[52] Walcott, R. I. (1970) Flexural rigidity, thickness, and viscosity of lithosphere, *J. Geophys. Res.*, **75**, 3941-3954.

[53] Watts, A. B. and Talwani, M. (1974) Gravity anomalies of deep-sea trenches and their tectonic implications, *Geophys. J. R. astr. Soc.*, **36**, 57-90.

[54] Weertman, J. (1970) Creep strength of earth's mantle, *Rev. Geophys.*, **8**, 145-168.

[55] Wegener, A. (1912) Die Entstehung der Kontinente, *Geol. Rundschau*, **3**, 276-292.
[56] Wilson, J. T. (1963a) A possible origin of Hawaiian Islands, *Can. J. Phys.*, **41**, 863-870.
[57] Wilson, J. T. (1963b) Evidence from islands on the spreading of ocean floors, *Nature*, **197**, 536-538.
[58] Wilson, J. T. (1965) A new class of faults and their bearing on continental drift, *Nature*, **207**, 343-347.
[59] Wilson, J. T. (1966) Did Atlantic close and then re-open? *Nature*, **211**, 676-681.
[60] Zhao, D., Hasegawa, A., and Kanamori, H. (1994) Deep structure of Japan subduction zone as derived from local, regional and teleseismic events. *J. Geophys. Res.* **99**, 22313-22329.

第4章 地球の変動現象と測地学

4.1 潮汐

　周期的な地球の変動で最も顕著なものは**潮汐**（tide）であろう．これは，天体の引力によって，重力ポテンシャルが変わり，固体地球の変形を示す**地球潮汐**（earth tide）や潮の満ち干を示す**海洋潮汐**（ocean tide）が生じる現象である．その変動を起こす力（起潮力）としては月の引力が最大であり，太陽の引力はその約半分であり，その他の天体の影響は小さい．たとえば天体として月を考える場合，地球と月は共通重心を中心として回転運動を行い，地球の中心で天体の引力と回転の遠心力が釣り合う．起潮力は，まずは，自転していない地球をイメージすると考えやすい．この場合，共通重心のまわりの回転の遠心力は地球上どこでも一定となる．一方天体の引力は距離によって変わるので，天体に向いた側では引力が大きく，その反対側では回転による遠心力が大きくなる．つまり，天体に向いた側とその反対側で，重力の等ポテンシャル面であるジオイドすなわち平均海面がほぼ同じ大きさで膨らむ．地球の自転に伴ってその膨らんだ部分が移っていくので，潮の干満，すなわち海洋潮汐が起こる．海洋潮汐のピークは基本的に日に2回あり，太陽と地球・月が直線上に並ぶ新月や満月のときに大潮となる．

　この潮汐をよりよく理解するために，月を例にとって潮汐ポテンシャルを求めてみよう．万有引力定数を G，月の質量を M_M，月の地心距離ベクトルを $\mathbf{D}$，地上の観測点の地心距離ベクトルを $\mathbf{r}$，月の天頂角を z とすると，潮汐ポテン

シャル Φ は球面調和関数を使って以下のように書ける.

$$\Phi = \frac{GM_\mathrm{M}}{|\mathbf{D}-\mathbf{r}|} = \frac{GM_\mathrm{M}}{D} \sum_{n=0}^{\infty} \left(\frac{r}{D}\right)^n P_n(\cos z) \tag{4.1}$$

ここで,n 次の P_n はルジャンドル(Legendre)関数であり,0 次の項は永久変形を表し,1 次の項は,地球・月系の回転運動の遠心力とバランスする力に対応するので,地球の潮汐変形を起こすのは 2 次以上の項である.ポテンシャルに掛かる係数 $(r/D)^n$ は振幅のスケールを表している.月の場合 $r/D = 2 \times 10^{-2}$,太陽の場合 $r/D = 4 \times 10^{-5}$ であるので,通常,潮汐ポテンシャルは 2 次まで考慮する.ルジャンドル陪関数 $P_n{}^m$ を用いると,2 次の項は,$m = 0, 1, 2$ であり,観測点の地心緯度 ϕ,経度 λ,天体の時角 Θ,赤緯 δ,赤経 α とすると,潮汐力ポテンシャルの具体的な形は

$$m = 0: \quad \Phi_{20} = \frac{GM_\mathrm{M}}{D^3} r^2 P_2{}^0(\sin\delta) P_2{}^0(\sin\phi) \tag{4.2}$$

$$m = 1: \quad \Phi_{21} = \frac{GM_\mathrm{M}}{3D^3} r^2 P_2{}^1(\sin\delta) P_2{}^1(\sin\phi) \cos(\alpha - \Theta - \lambda) \tag{4.3}$$

$$m = 2: \quad \Phi_{22} = \frac{GM_\mathrm{M}}{12D^3} r^2 P_2{}^2(\sin\delta) P_2{}^2(\sin\phi) \cos 2(\alpha - \Theta - \lambda) \tag{4.4}$$

で与えられる.M_M/D^3 は天体の起潮力の大きさを規定しており,月に関する値が太陽に関する値のほぼ 2 倍である.潮汐ポテンシャルを時間で分類すると,$m = 0, 1, 2$ は,長周期,日周,半日周の潮汐となり,また空間分布で分類すると,それぞれ,Zonal, Tesseral, Sectorial とよばれる分布となる.それを図示したのが,図 4.1 である.Zonal 潮汐に伴う地球の変形は,緯度に応じて変化するので地球の自転速度に関係する.Tesseral 潮汐は,南北に非対称に分布し,地球を揺さぶり,次節で述べる章動の原因となる.Sectorial 潮汐は,南北に対称で,経度方向に変位を積分するとゼロになるので,地球回転への影響は小さい.3 種類の潮汐変形の型を決めているのは,$P_n{}^m(\sin\delta)$ の係数である.地球は天体の方向にわずかに変形しながら 1 日 1 回転する.天体は地球の自転軸に対して傾斜した軌道上を運動するため,δ は時間とともに変化し,潮汐変形は図に示した 3 種類の変形が混ざったものになる.

天体の引力によってジオイドが変形するとともに,弾性体である固体地球も変形する.これを地球潮汐とよぶ.剛体地球上で計算した起潮力に,弾性体地球の応答を表すラブ(Love)数,志田数を掛け,弾性体地球の潮汐変形(応答)

第 4 章 地球の変動現象と測地学

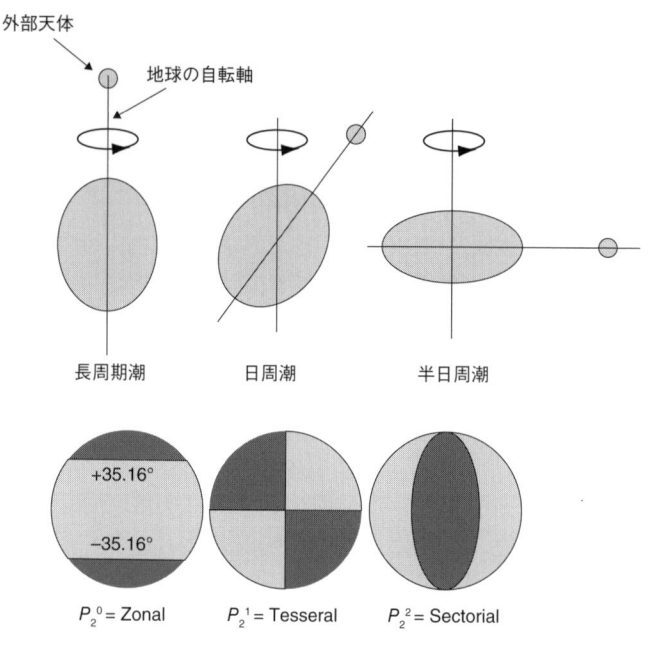

図 4.1 外部天体と地球の自転軸の位置関係により生ずる潮汐変形の 3 種類の型

表 4.1 主要 4 分潮の剛体地球における平衡潮振幅

分潮	天体	周期（時間）	振幅（cm）
S_2	太陽	12.0000	11.5
M_2	月	12.4206	24.4
K_1	月と太陽	23.9345	15.0
O_1	月	25.8193	10.1

を求める（Wahr, 1981a）．剛体地球の潮汐ポテンシャルは天体運動で決まるのできわめて精密に求めることができる．そこで上述の 3 種類の潮汐それぞれについて，潮汐を起こす天体と固有周期に従って分けた分潮とよばれる潮汐成分ごとに，周期，振幅，ラブ数などが求められている（たとえば，大江，1994）．主な 4 分潮の周期と振幅を表 4.1 に示す．それらを合わせた変動の大きさは，片振幅で，地面の上下変動で最大で 30 cm，傾斜変化で 0.02 秒角，重力変化で 200 μGal 程度である．変化の割合としては，傾斜変化が 10^{-7} 程度であり，地

4.1 潮汐

球の半径に対する上下動はやや小さくてその約半分，重力の変化はやや大きく，地表の重力値の 2×10^{-7} 程度である．重力については，観測データの標準化のために，弾性体地球の応答として標準的な値を採用することになっており，通常，理論値に 1.16 倍の補正係数（これを G-factor とよぶ）を掛ける．

海洋潮汐は，海水の移動に地形などによる位相遅れが生ずるので，潮位や海面高の観測データに合うようにモデル化して求める．特殊な場所を除けば，海面高度計のデータなどに基づくグローバルなモデル NAO99b や日本周辺におけるより詳しいモデル（いずれも，Matsumoto et al., 2000）などを用いて，海洋潮汐を 1 cm 程度の精度で予測できる．精密な重力測定には，海水の引力の変化のほかに，海洋潮汐の荷重により固体地球が変形するという効果も計算する必要があり，Sato and Hanada（1984）による GOTIC と名づけられた公開プログラムや，その改良版である GOTIC2（Matsumoto et al., 2001）が有用である．また，多くの観測データは，地球潮汐の影響とともにノイズを含んでいる．そのような観測データの解析によく使われているのはベイズ（Bayse）理論を取り入れた BAYTAP-G（Tamura et al., 1991）であり，潮汐の分潮成分，潮汐以外の変動成分，ランダムなノイズ成分に分けることができる．

海面高の変動は，沖合では両振幅で 1 m 程度であるが，海底地形により数倍以上に増幅される場所もあり，場所によっては，海洋潮汐が精密な地球観測における大きなノイズ源となる．たとえば，4.3 節で紹介するように，南東アラスカでは，氷河の後退による地殻の隆起過程を GPS 測位と重力測定により明らかにする研究が進められているが（Miura et al., 2008），このあたりの海洋潮汐は両振幅で 8 m 程度もあり，海岸線も複雑で，グローバルな海洋潮汐モデルでは精密な補正はできなかった．そこで Inazu et al.（2009）は精密な海底地形などを考慮したローカルな海洋潮汐モデルを構築した．図 4.2 は，地球潮汐の影響を補正した絶対重力測定結果の一例である（Sun et al., 2010）．図 4.2 の • は従来の海洋潮汐モデルを用いて補正をした結果であり，約 4.5 μGal の日周変動が残っているが，新しい海洋潮汐モデルにより補正をすると，• で示すように残差が約 2.0 μGal になる．この付近の後氷期隆起による重力変化は年間 5 μGal 程度であるので，精密な地球潮汐の補正は重要である．

また一方で，固体地球に対する起潮力がきわめて精密に求められるので，潮汐は自然が永続的に続けている制御実験であり，潮汐変動は地球の構造などを

第 4 章 地球の変動現象と測地学

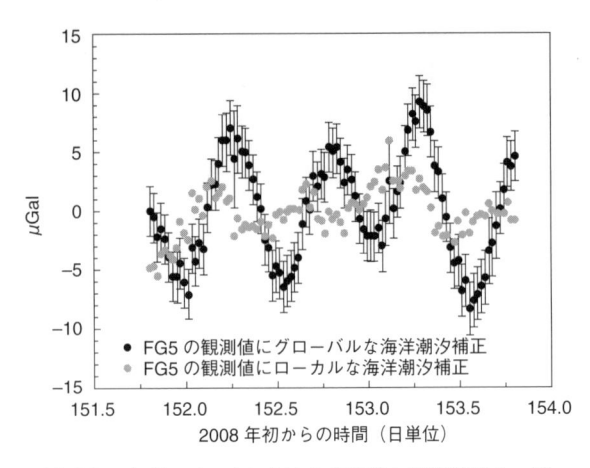

図 4.2 南東アラスカにおける絶対重力測定結果の一例
グローバルな海洋潮汐モデル（Schwiderski, 1983）で補正すると顕著な日周変化が残るが，精密な海底地形などを考慮したローカルな海洋潮汐モデル（Inazu *et al.*, 2009）により残差が小さくなる．（Sun *et al.*, 2010）

調べるための重要な信号であるとみなすこともできる．海底に設置した傾斜計などのように感度校正が難しい場合には，理論値と比較して計測感度を推定することもできる．観測を継続するにつれて，分潮とよばれる特定の周期の変動を精密に測定することができるので，振幅などの時空間変化を求め，その変化と観測された物理量との関係を調べることもできる．たとえば Sato *et al.* (2001) は，日本，オーストラリア，南極における超伝導重力計の観測データの振幅と位相を用いて，年周重力変化の要因を解析した．その結果，1〜2 μGal 程度の年周変動は，海洋潮汐を含む地球潮汐，後述の極運動，および海面高の変動によりほぼ 0.1 μGal の精度まで説明できることを示した．海面高変動の影響は，人工衛星海面高度計の観測データと海洋大循環モデルにより推定された水温変化を用いて，水温による海面高変化の割合を 6 mm deg^{-1} とすると最もよく観測値を説明できるとしている．さらに佐藤ほか（2010）は，絶対重力計による感度検定を行うことにより，野外観測用の重力計を用いて，超伝導重力計並みの 10 nGal よりよい精度で重力潮汐の分潮成分を測定し，理論値と比較できることを示している．

振幅は小さいが，潮汐変動には長周期の成分もある．月と地球の公転はやや

4.1 潮　汐

楕円軌道であるので，1ヶ月および1年程度の周期の変動がある．後述する自転軸の歳差運動や，18.6年周期の章動運動のほかに，円軌道からのずれを示す離心率も一定ではなく，長周期の潮汐変動をひき起こしている．このうち，18.6年周期の変動は，海洋変動に多くみられる20年程度の変動をひき起こしているのではないかと注目されている．潮汐による海水の混合が予想よりはるかに多いことがその原因であるとしている（Yasuda *et al.*, 2006）．

起潮力により重力ポテンシャルが変わるが，固体地球も海水も粘性抵抗のためにその変形に時間遅れが生じるので，永年的な変動も起こる．とくに海水の運動は，大陸の分布や海底との摩擦の影響を受けるので遅れが大きい．地球は自転しており，起潮力による地球の膨らみに位相遅れが生ずるので，地球の自転と反対方向のトルクが生じる．そのため，1.3.1項で示したように地球の自転速度はゆっくりと遅くなっており，うるう秒が必要となる．

地球・月系の角運動量保存則により，地球の自転速度が遅くなると，地球と月の距離が遠くなる．逆に考えれば，月が形成されたころは，月と地球の距離は現在よりずっと短かったはずである．Abe and Ooe（2001）は，45億年前には地球の1日は約6時間であり，したがって月との距離は現在の約1/6であったと推定している．最近約10億年間の変化は，二枚貝などの化石の年輪から求めた結果と一致していることが確かめられている．(4.2)～(4.4) 式に見るように，2次の起潮力は天体との距離の3乗に反比例するので，単純に見積もって，潮汐の振幅は現在の200倍以上にもなり，200m ほどの潮の干満があったことになる．現在の地球では潮汐による歪は 10^{-7} 程度であるが，それよりも2桁以上大きな振幅で，しかも半日潮汐なら3時間という短い周期で地球をもみしだいていたことになり，第1章でふれたように，地球の層構造の形成に影響を与えたと考えられる．

木星の惑星イヨは地球の月とよく似た構造をもっている．しかし，大きな違いは，盛んな火山活動が観測されている点である．その火山活動のエネルギー源として，巨大な木星本体による潮汐力と，潮汐変形に伴う摩擦エネルギーが考えられている．このように，潮汐，そして次節に述べる回転運動は，地球のみならず，惑星の内部構造とその生成活動に関係しており，惑星研究での基礎的な観測事項になっている．

今の地球では潮汐による歪は小さいが，地震をひき起こすトリガーとなること

第 4 章　地球の変動現象と測地学

が示されている．Tanaka（2012）は，2011 年東北地方太平洋沖地震の震源域周辺で発生したマグニチュード 5 以上の地震について調べたところ，2000 年ころから地震発生のタイミングと地球潮汐との相関がしだいに強くなっていったことを明らかにした．巨大地震発生後は相関がなくなっている．

4.2　地球回転

4.2.1　オイラーの運動方程式

　地球と月は太陽系の中でいろいろな回転運動を行っており，地球変動の要因となっている．また一方で，1.3.1 項で紹介したように，地球の変動を検出するためには基準となる精密な座標系と時刻系が必要であるが，いずれも地球の回転運動の影響を受ける．したがって**地球回転**（Earth rotation）の研究は，地球変動を検出するためにも，また観測結果を解釈するためにも重要である．

　天体の回転運動は角運動量保存則に従う．角運動量は，運動量と回転半径の積であるが，質量と回転半径の 2 乗の積である慣性モーメント（慣性能率ともいう）と角速度の積でもある．剛体地球であれ，変形する地球であれ，その回転運動を記述する基礎方程式は，トルクと角運動量の変化を定式化した**オイラーの運動方程式**（Euler's equation of motion）である．相対角運動量を考えない場合，座標系を適当に選ぶことで，主慣性モーメント以外の成分（慣性乗積）をゼロにできる．このように選んだ座標系は主慣性系とよばれる．剛体地球の主慣性モーメントの赤道軸（1 軸，2 軸）周りの成分を A, B，極軸（3 軸）周りの成分を C で表すと，回転対称形をした地球の場合 $A = B$ であるので，主慣性系でのオイラーの運動方程式は

$$A\frac{d\omega_1}{dt} + (C - A)\omega_3\omega_2 = L_1 \tag{4.5}$$

$$A\frac{d\omega_2}{dt} - (C - A)\omega_1\omega_3 = L_2 \tag{4.6}$$

$$C\frac{d\omega_3}{dt} = L_3 \tag{4.7}$$

と書ける．ここで $L_1 \sim L_3$ は回転系にはたらくトルク，$\omega_1 \sim \omega_3$ は各軸の周りの角速度である．$(C - A)/A$ は力学的偏平率とよばれ，地球回転では重要な量である．最初の 2 つの式が，地球の自転軸の向きの変化（歳差，章動，極運動）

を，第3式が自転速度の変動を記述する式になっている．最近は，これら3つの軸の変化を総称したEOP（earth orientation parameter）という言葉も使われている．次節以降で述べるが，歳差・章動は，太陽と月の引力によるトルクを受けて，宇宙空間に対する自転軸の向きが長い周期で変わる現象であり，極運動は，外部のトルクなしで，地球システム内部の質量移動により，比較的短周期で地球の形状軸が自転軸の周りにふらつく現象である．第1章で述べたように，これらは地球座標系と天文座標系の間の座標変換に必要なパラメータであり，IERSが1989年1月から観測値の公表を進めている．

上述の慣性モーメントは，地球を含め天体内部での密度分布を知る手がかりを与える．それは，天体の全質量をM，その半径をRとするとき，慣性モーメントとMR^2の比が，天体内部における質量の中心への集中度を測る目安になるからである．球の場合の慣性モーメントの式を積分すると，球殻（中が中空）の場合はMR^2，密度一定（一様な内部構造）の場合は$(3/5)MR^2$となることがわかる．地球の場合，係数はおよそ0.33で，$3/5 = 0.6$より有意に小さく，密度の大きい物質（金属）でできた核が地球半径の約半分を占めていることを反映している．

地球は，大気，海洋，地殻・マントル（岩石圏），核で構成されているが，慣性モーメントで比較すると，地殻・マントルが全体の約89%，核が11%，海洋はわずか0.1%で，大気はさらに小さい10^{-6}のオーダーである（内藤，1994）．したがって地球の角運動量はほぼマントルと核によって担われているといえるが，いずれもその変動が小さいので，以下に述べるように，慣性モーメントの小さい海洋や大気が地球回転において重要な役割を果たす．逆に，地球回転の観測により，海洋や大気のグローバルな変動を捉えることができるということも重要である．

4.2.2　歳差・章動

地球は赤道方向にわずかに膨らんだ回転楕円体であり，その自転軸が地球の公転軌道面と斜交しているので，太陽の引力により，自転軸を軌道面に垂直にする方向のトルクを受ける．月の公転軌道面は地球の公転軌道面と約5°と小さい角度で交わっているので，月の引力によっても，平均すると同じ方向に，自転軸が約2倍のトルクを受ける．このようなトルクを受けると，回転するこ

第 4 章 地球の変動現象と測地学

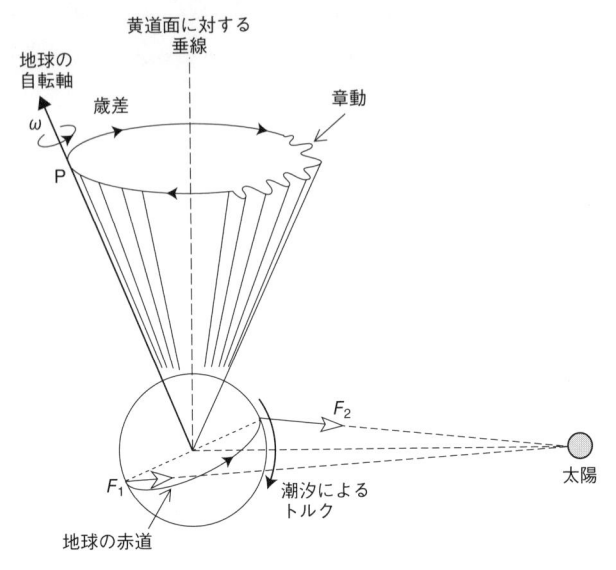

図 4.3 歳差運動と章動運動を示す概念図
(Stacey, 1992)

まと同じように，地球の自転軸はトルクを受けた向きと直角の方向に動く（図4.3）．地球の自転軸の向きは，現在は北極星近くにあるが，この運動により天空で円運動を描くことになる．これを**歳差運動**（precession）といい，その周期は約 25,700 年である．

歳差運動は，地球の慣性モーメントについて，$(C-A)/C$ を観測できるという意味でも重要である．歳差運動の角速度は精密に観測されており，50.3846 秒角/年である．それから求められる $(C-A)/C$ は 1/305.456 である（Stacey, 1992）．この値から，前項で述べた $(C-A)/A$ の値を求めると 1/304.456 となる．

月と地球の公転軌道面は斜交しているので，正確には月と太陽の引力によるトルクの向きも振幅も変化する．2 つの軌道の交点は 18.6 年の周期で移動しているので，自転軸の向きは 18.6 年周期で振幅約 9 秒角の変動を示す．これは**章動**（nutation）とよばれている．歳差運動を起こすトルクの大きさは，春と秋には小さく，夏や冬に北極あるいは南極が太陽の方向に向いたときに大きくなるので，章動には季節変動もある．

4.2 地球回転

　月と太陽のトルクは，潮汐の周期帯においても地球を揺らす外力となる．前節で説明したように，潮汐トルクとして地球を揺するのは P_2^1 モードの日周成分である．地球の流体核の回転固有周期が1恒星日付近にあるため，このトルクに対し，流体核をもった地球が共鳴的に応答する**流体核共鳴**（fluid core resonance）とよばれる現象が起きる．このため，地球は余計に変形を起こし，地上で観測される日周潮汐も共鳴的になる．IAUで採用されていたWahr（1981b）の弾性体地球の章動理論は，当時最高精度を誇っていたKinoshita（1977）の剛体地球の章動モデルを基礎に，地球の変形応答を計算したものである．しかしVLBIや超伝導重力計で観測された流体核共鳴の共鳴周期は，そのモデル値460恒星日より短い約430日であり，その差が大きな問題になった．その解釈として核・マントル境界が静水圧平衡形状より約500m赤道方向に膨らんだ形をしていることが発見された（Gwinn et al., 1986）．これは，地震，地球電磁気学の学者も巻き込んだ，当時の大きな発見であった．

　水沢緯度観測所の木村は，緯度の観測データが理論と合わないことから，それを補正するために木村の年周Z項を提唱した（Kimura, 1902）．それは地震波データの解析により流体核が発見される10年以上前だったが，約70年後に，Z項の主な原因が流体核共鳴の効果であることが解明された．

　地球の自転軸は太陽系の他の惑星（主に木星）の引力による影響も受けている．自転軸が公転軌道となす角は，現在は23°26.5′であるが，21°55′から24°18′の間でゆっくりと変動している（Lowrie, 1997）．この角度が変われば，地表における太陽高度が変わるので，約41,000年の周期の気候変動の要因と考えられている．木星などの惑星の引力により，楕円形をした地球の公転軌道の離心率も長周期で変動する．離心率の変化により地球と太陽の距離が変わるので，地球が太陽から受ける輻射熱が距離の2乗に反比例して変わる．これも気候変動の要因となり，109,000年と413,000年の周期の変動をひき起こすと考えられる（Lowrie, 1997）．さらに約20,500年周期の変動をひき起こす楕円体の軌道の歳差運動も考慮しなければならない．これらの影響は複雑であるが，1920年代にミランコビッチ（M. Milankovic）は精密な計算を行い，太陽系の運動がもたらす上記のような長周期を求め，これが気候変動の要因であるとした．これはミランコビッチ・サイクルとよばれている．その影響は一時疑問視されたが，その後，堆積物や氷床の記録から上に記した周期の変動が観測され，また，より精

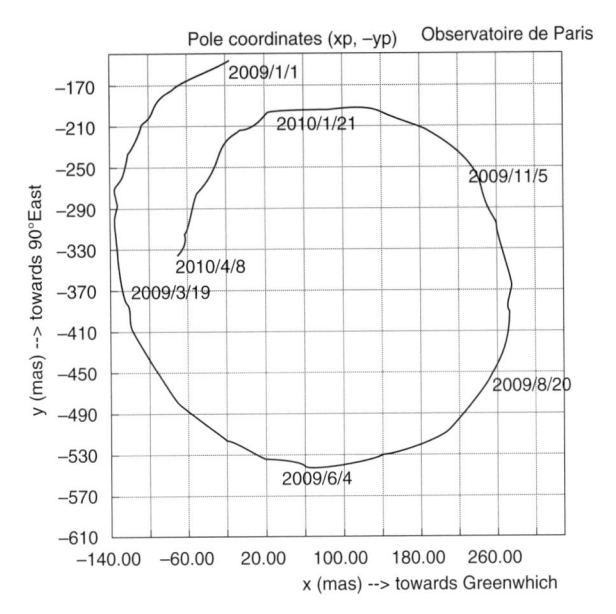

図 4.4 IERS の Web サイト（http://hpiers.obspm.fr/eop-pc/）に掲載されている極運動の観測結果

北極軸の位置の変化をミリ秒角（1 ミリ秒角（mas）は地表の距離約 3 cm に相当）で示した図の一例であり，横軸は東経 0 度方向，縦軸は東経 90 度方向を示す．

密な計算に基づいてそれらの影響の平均周期が約 10 万年であることがわかり，長周期の気候変動は太陽系の運動に起因することが明らかになった（Zachos et al., 2001）．

4.2.3 極運動

　地球の自転軸の地表における位置は，海洋や大気の運動あるいは巨大地震などによる質量移動によって，正規楕円体の形状軸と数 m 程度ずれた状態にある．これを**極運動**（polar motion）とよぶ．IERS の観測によれば，図 4.4 に示すように，自転軸は形状軸の北極の周りを半径 10 m 弱の範囲で回転しているように見える．しかし角運動量の保存を考慮すれば，宇宙空間に対して自転軸はほぼ安定しており，地球の形状軸が少しふらついていることになる．この運動は外力がないので，自由章動ともよばれる．

4.2 地球回転

4.2.1 項で示した主慣性系でのオイラーの運動方程式において，外力のトルクがはたらかない，すなわち $\boldsymbol{L}=0$ の場合が極運動であり，(4.5), (4.6) 式の解として周期解を考えると，以下の振動数 σ をもった解が得られる．

$$\sigma = \frac{\omega_3(C-A)}{A} \tag{4.8}$$

ここで $\omega_3 = \Omega$ は地球の自転角速度で，$(C-A)/A$ は先に述べた力学的扁平率（外形ばかりでなく，内部での質量分布も考慮した扁平率）である．前節で示したように，その値は歳差運動の角速度から，$(C-A)/A = 1/304.4$ と求められている．なお，1.2.3 項で紹介し，この章でもよく現れる力学的形状要素 J_2 は次式で表される．上記の力学的扁平率と混同しないように注意したい．

$$J_2 = \frac{C-A}{Ma^2} \tag{4.9}$$

ここで M は地球の質量，a は赤道半径である．

さて力学的扁平率の値から，Ω/σ は 304.4 日である．これは**オイラー周期**（Euler period）とよばれ，地球の慣性モーメントで決まる剛体地球の極運動の周期を表している．この極運動を捉えるために，各地で精密な緯度観測が行われたが，実際にはそのような変動の周期は観測されなかった．その後，米国の富裕な商人であったチャンドラー（S. C. Chandler）が，緻密なデータ解析により，極運動には年周変動と 435 日近くのチャンドラー周期（Chandler period）の変動という 2 つの成分があることを明らかにした（Chandler, 1891）．その後の研究により，約 0.1 秒角（地表の距離で約 3 m）の振幅をもつ年周変動は，季節変動に伴う大気と海洋の間における質量移動に伴う変動であり，約 0.15 秒角の振幅をもつチャンドラー周期の変動は，地球の弾性変形を考慮することによりほぼ説明できることがわかった．チャンドラー周期の変動は，極運動に伴う遠心力変化により地球が弾性変形し，赤道の膨らみが力学的扁平率を小さくするように作用することを示している．地球の核や海洋の影響も考慮した詳しい計算結果（Smith and Dahlen, 1981）によれば，流体核はほとんど極運動に関与しない．流体核を考慮すると地球がその分だけ身軽になるが，その影響は海洋による逆の影響でかなり相殺されて，結果としては弾性体地球とほぼ同じ周期になる．なお，極運動により自転軸に対する緯度が変わり，自転の遠心力が変化するので，地上の観測点では重力の時間変化が起こる．その振幅は約 3 μGal

程度であり，4.1 節で述べたように，超伝導重力計の観測データの解析では重要な変動成分となる．

4.2.4　自転角速度の変動

4.1 節で述べたように，海洋潮汐による逆向きのトルクなどにより地球の自転速度はゆっくりと遅くなっている．そのために**自転角速度**（**LOD**, length of day）は1日に2msほど長くなっており，1〜2年に1回程度の割合でうるう秒が必要となっている．

自転角速度の変化には周期的な変動成分もある．地球は層構造をなしており，各層内の運動による角運動量の変動がLODの変動を引き起こしていることがわかってきた．慣性モーメントの大部分は固体のマントルが担っているが，変動量が少なく，LODの変動を担っているのは，地球の流体層である流体核，大気，海洋である．このことを示す成果の一例を図4.5に示す（Chao, 2003）．この図は，約180年間のLODの変動とそのモデリングの結果を示しており，宇宙測地技術の威力を示す図でもある．上段の図は，地磁気変動から推定した流体核内の運動によって励起されるLOD変動で長周期の変動をほぼ説明できることを示しており，数十年の周期で数ms程度の変動は流体核内の運動によることがわかる．

中段の図は，上段の図の一部をズームアップして，VLBI観測による数年程度の周期の変動を示しており，低緯度域のエルニーニョ・南方振動（El Niño-southern oscillation, ENSO）に伴う主に熱帯域における東西方向の風速変動によって説明されることがわかる．ちなみにエルニーニョは主に海洋変動を示し，南方振動は気象変動を示す．下段は，中段の図の一部のズームアップであり，VLBIのキャンペーン観測によるLODの日周変動は海洋潮汐に伴う日周・半日周の変動でよく説明できることを示している．

IERSでは大気による地球回転の励起関数（atmospheric angular momentum, AAM）のデータサービスを行っている．AAM関数は日本の気象庁など4機関により，極運動の励起関数である赤道軸成分と自転励起関数である極軸（形状軸）成分について，定常的に計算されている（内藤, 1994）．

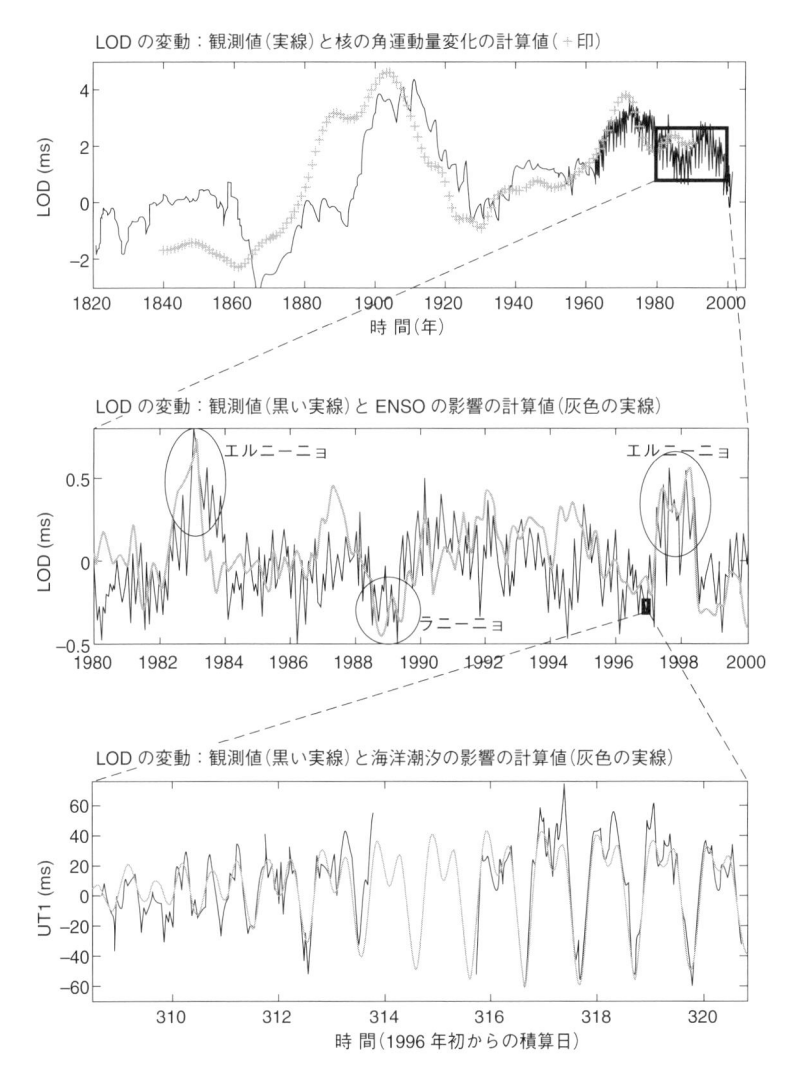

図 4.5 約 180 年間の LOD の変動とそのモデリングの結果

上段の図は数十年周期の LOD の変動，中段の図は VLBI 観測による数年程度の周期の変動，下段は VLBI の観測結果と海洋潮汐に伴う日周・半日周の変動を示す．(Chao (2003) に加筆)

4.3　後氷期隆起

　前述のように約10万年の周期で氷期と間氷期が繰り返されており，最後の氷期に形成された氷床は21,000年前ころに最盛期を迎え，海水準は現在より125 mほど低かったと推定されている（Peltier, 2004）．**氷床**（ice sheet）は，広域（5万 km² 以上）を覆う厚い氷の層である．北米のハドソン湾周辺や北欧のスカンジナビア半島は数千 m の厚さの氷に覆われていたが，約1万年前の氷河期の終了に伴って氷床が融解し，6,000年前ころに消滅したと推定されている．氷床の荷重がなくなったことに伴って，アイソスタシーを回復するために図4.6に示すような地殻の隆起が起こり，現在も継続している．この図で示すように，**後氷期隆起**（postglacial rebound, 同じような意味で glacial isostatic adjustment もよく使う）はマントルの粘性流動を伴う現象であることがわかる．地殻の隆起については，以前は相対的な海水準変動が主たる観測データであっ

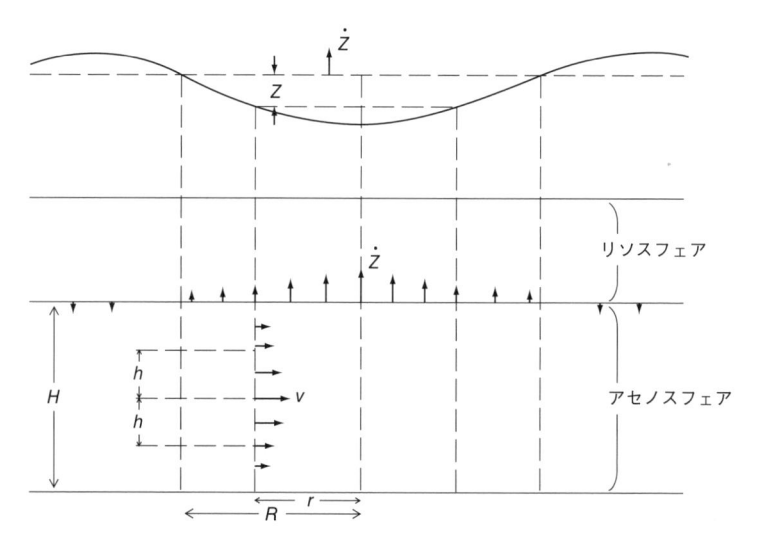

図 4.6　弾性体のリソスフェアと粘性流体の上部マントル（アセノスフェア）を想定した，後氷期のアイソスタシー補償のメカニズム

地表の高度異常 Z を補償する地殻隆起速度 $\dot{Z}$ は，マントルの流動速度 v に依存する．（Stacey（1992）の図を改変）

たが，最近は VLBI や GPS による内陸の地殻変動観測や地上の重力の時間変化，重力衛星 GRACE による広域の重力の時間変化などのデータも使われている．上で述べた極運動や J_2 の時間変化もこの隆起の影響を反映しているが，他の影響も含むという問題がある．

後氷期隆起の分布から**マントルの粘性**（mantle viscosity）を推定する研究の始まりは Haskel（1937）であり，上部マントルの平均的な粘性値として 3×10^{21} Pa s という結果を得ている．その後 Peltier（1974）は，地球の粘弾性構造を仮定し，時間的・空間的にインパルス荷重をかけたときの地球の応答をコンボリューション積分し隆起の時空間変動を求めるという手法を開発した．彼の初期の推定では，マントルの粘性は深さ方向にはあまり変化せず，上部マントルと下部マントルの差は数倍程度であった（Peltier, 1983）．しかしその後 Nakada and Lambeck（1989）は，海水準変動の記録の解析における地形補正の重要さを指摘し，下部マントルは上部マントルに比べて粘性がほぼ 100 倍であるという結果を得た．Peltier は最近では上部マントルと下部マントルの粘性の違いは 10 倍程度と推定しており（VM2 モデル），年間約 3 mm の海水準の上昇の約半分が氷床などの融解によるものであれば，下部マントルの下部は上部マントルより 30 倍ほど高粘性である（VM3 モデル）としている（Peltier, 2004）．GRACE による重力の時間変化と相対的な海水準変動のデータに基づく海水準変動の最近の研究（Paulson et al., 2007）によれば，マントルの平均的な粘性は，$(1.4 \sim 2.3)\times 10^{21}$ Pa s とかなり精度よく推定されるが，上部マントルと下部マントルに分けて推定すると，推定範囲はかなり広くなるとしている．後氷期隆起はマントルの粘性に直結しているので平均的な値は精度よく求められるが，観測データの分布が相対的に狭いので，上部マントルと下部マントルの区別には工夫が必要ということであろう．氷床モデルとしてはハドソン湾付近における地上の重力変化などを取り入れた ICE-5G モデル（Peltier, 2004）が観測結果をよく説明するとしている．ハドソン湾付近は古い大陸地殻であり，テクトニックな変動はほとんどなく，後氷期隆起の時間スケールは数千年であり，マントル対流などと比べて何桁も短い．このことから，重力分布の時間変化などから過去の氷床の厚さ分布も推定できるようである．

マントルの粘性構造は長波長のジオイド分布からも推定されている．地震波トモグラフィの結果から推定した密度構造と沈み込むスラブをモデル化したマ

ントル対流により，マントルの粘性構造から長波長のジオイド分布を推定し観測結果と比較する方法である．Hager et al. (1985) は，このような解析により下部マントルの粘性は上部マントルに比べて 30〜100 倍程度高いと推定している．長波長のジオイド分布からの推定は，広域の観測データを使えるので下部マントルまでの情報を含むと考えられるが，密度構造の推定が問題である．Karato (2010) は後氷期隆起の分布からマントルの粘性構造を推定する研究のレビューを行い，マントルの粘性は上部マントルで 10^{19}〜10^{21} Pa s，下部マントルで 10^{21}〜10^{22} Pa s 程度と推定している．平均的にはその差は 30 倍程度である．

これらの解析が行われたハドソン湾や北欧のスカンジナビア半島は，古い大陸の中央部に位置しており，マントルの平均的な粘性が求められたと考えられる．一方，4.1 節で述べた南東アラスカ（SE-AK）など大陸周辺部の変動帯では，上部マントルの小さな粘性値が観測されている．SE-AK では，90 点以上の GPS 観測から，最大 $35\,\mathrm{mm\,yr^{-1}}$ の急速な地盤上昇が起こっていることが見出されている（Larsen et al., 2005）．この大きな上昇率の主な原因として，**小氷河期**（little ice age, LIA）に形成された氷床の消失が考えられている（注：SE-AK は約 250 年前まで，LIA の影響で最大 1.5 km の厚い氷床で覆われていたことが知られており，その氷のほとんどが最近までに消失している）．この上昇率を説明するには，10^{18} Pa s 台の小さな粘性率と薄い（50〜60 km）リソスフェアの存在が必要となる（Larsen et al., 2005; Sato et al., 2011）．同じく，LIA の影響と考えられる大きな上昇率を示している場所に南米のパタゴニアがあり，そこでも，SE-AK とほとんど同じアセノスフェアの粘性率，リソスフェアの厚さが得られている（Dietrich et al., 2010）．これらの地域における地殻の隆起には，現在進行している氷河の後退の影響も推定されており，氷床の変動の研究も合わせて，今後更なる研究が必要な地域といえる．

4.4　陸水と海洋の変動

地球温暖化の影響を直接受ける陸水と海洋の変動は，地球変動の研究における重要な部分であり，宇宙測地技術の進歩によりそのグローバルな変動を観測できるようになった．問題となっている**海水準の変化**（sea level change）は，海

面高度計により直接かつ高精度にモニターされている．1993〜98年に海面高度計 Topex/Poseidon により観測された海水準の上昇レートは $3.2 \pm 0.2\,\mathrm{mm\,yr^{-1}}$ であり，その観測結果は海水の温度上昇により説明できるとされていた（Cabanes et al., 2001）．しかし1993〜2007年の変動に関する最近のレビュー（Cazenave and Llove, 2010）によれば，海面高度計により観測された上昇レートは $3.3 \pm 0.4\,\mathrm{mm\,yr^{-1}}$ であり，その原因の約30%は海水温の上昇による膨張であり，約55%は陸上の氷床の融解と推定している．以下に紹介するように，約 $3.3\,\mathrm{mm\,yr^{-1}}$ の海水面上昇への寄与については，南極とグリーンランドの氷床の融解がそれぞれ0.4および $0.6\,\mathrm{mm\,yr^{-1}}$，山岳氷河の融解が $0.7\,\mathrm{mm\,yr^{-1}}$ と見積もられており，海水準の変化の5割程度は氷床などの融解によるという解釈は正しいようである．2001年ころの解釈と大きく違ってきたのは，この間に氷床の融解が加速したことと，それを検出する観測が進展したことによると考えられる．

　氷床の融解について定量的な見積もりができるようになったのは，2.1節で紹介した重力衛星 GRACE の観測によるところが多い．地球上の氷の約90%を占めているのは南極の氷床である．その広大な面積と見かけの変化をもたらすいくつかの要因のために，その量的な変化についていろいろな推定がなされてきたが，GRACE の重力データにより南極氷床全体としての変化が明らかになってきた．Velicogna and Wahr（2006）は，2002〜05年における月ごとの GRACE 重力データを解析し，$51 \pm 14\,\mathrm{km^3\,yr^{-1}}$ という見かけ上の氷床の増加を求めた．この結果に，他の大陸の氷床の変化と長期的な後氷期隆起による海水準変動の影響を補正し，$152 \pm 80\,\mathrm{km^3\,yr^{-1}}$ という氷床の融解レートを得た．氷の密度を $920\,\mathrm{kg\,m^{-3}}$，海面の面積を $3.6 \times 10^{14}\,\mathrm{m^2}$ とすると，$0.39\,\mathrm{mm\,yr^{-1}}$ の海水準の上昇になる．重要でありまた推定誤差が大きいのは海水準変動による隆起の影響である．氷床モデルとしてはグローバルには ICE-5G モデルを採用し，南極域では別のモデルの影響も加味している．南極を東部と西部に分けて解析すると，推定誤差は大きいが，東部ではほぼ一定であり，西部で融解が進んでいるとしている．

　グリーンランドには南極に次いで地球上で2番目に大きな氷床がある．その量 $2.5 \times 10^6\,\mathrm{km^3}$ は地球上の氷の約10%を占めており，その氷がすべて解けると $6.4\,\mathrm{m}$ の海面上昇をもたらす．Chen et al.（2006）は，2002〜05年の GRACE

の重力データを用いて，グリーンランドの氷床が 239 ± 23 km^3 yr^{-1} のレートで融解していることを示した．これは 0.61 mm yr^{-1} の海面上昇に相当する．グリーンランドでは海水準変動の影響は 5 km^3 yr^{-1} 程度と小さく（Velicogna and Wahr, 2005），推定誤差も大きいとして，解析には含めていない．主に東部のグリーンランドで融解が進んでおり，2004 年の夏以降，融解が加速したとしている．

山岳氷河（mountain glacier）の減少も顕著である．Matsuo and Heki (2010) は，ヒマラヤ・チベット地域における 2003～09 年の GRACE 重力データを解析し，その季節変動量が氷河の減少率と比例することを用いて，氷河の減少率を求めた．その結果は，野外調査に基づくそれ以前の約 40 年間と比べて 2 倍程度になっている．地球上の山岳氷河の減少が海水準変動に与える影響は約 0.73 mm yr^{-1} であると推定している．そのうち最大の寄与はアラスカであり，次がヒマラヤ・チベット付近のアジアの山岳氷河である．Barnett *et al.* (2005) が警告しているように，世界人口の 6 分の 1 以上が山岳氷河から流れ出す水に依存しており，温暖化が進むことで氷河域からの水の供給量が減少することによる渇水が問題になり，とくに夏から秋に深刻になる．このことはガンジス川やメコン川ですでに問題となっている．

海洋の質量変動の長期モニタリングで重要なのは，地球の重力ポテンシャルの扁平度を示す J_2 項であり（1.2.3 項参照），その時間変化は基本的に 1.3.1 項で紹介した SLR の観測により求められている．主に高緯度地域における後氷期隆起に伴って地球はきわめてゆっくりであるが球形に近づきつつあり，J_2 項は時間とともに減少している．しかし 1997 年ころに J_2 項が定常的な減少傾向から増加に転じて，測地学の分野では大きな問題となり，その原因として海洋の変動現象などが推定された（Cox and Chao, 2002）．そこで Cheng and Tapley (2004) は 28 年間の SLR の観測データを解析し，J_2 項の変動について以下の結果を得た．(1) ほぼ一定の減少および年周変動のほかに，4～6 年周期の変動と約 21 年周期の変動がある．(2) 4～6 年周期の変動は，その周期帯における主たる海洋変動である ENSO のイベントに対応しており，1996～2002 年の変動は，21 年周期の変動と重なってとくに顕著な変動となった．(3) 21 年周期の変動の原因は不明である（4.1 節で述べたように，最近この原因が解明されつつある）．

このような解析を行うためには，大気や海洋の質量変動の影響を計算する必要がある．一般に，地球表面での重力ポテンシャルをルジャンドル関数で展開したときの係数を J_n という記号で表すと，J_n は地球の内部および表面に分布する質量を全球にわたって積分することで計算できる（たとえば，Munk and MacDonald, 1975; Chao and Au, 1991）．

$$J_n = -\frac{1}{MR^n}\int \rho(\mathbf{r})\mathbf{r}^n P_n(\cos\theta)\,dV \tag{4.10}$$

ここで，M, R は地球の全質量と平均半径，$\rho(\mathbf{r})$ は，位置 $\mathbf{r} = (r, \theta, \lambda)$ での密度，P_n は n 次のルジャンドル関数である．

たとえば，大気層の厚さはたかだか 10 km 程度であるので，大気質量の移動を表面気圧の変動で近似すると，大気の運動に伴う J_n の時間変化は以下の式で評価できる．

$$\Delta J_n = -\frac{1+k_n'}{Mg}R^2\int \Delta p(\delta, t)P_n(\cos\theta)\,d\delta \tag{4.11}$$

δ は位置 (θ, λ) と北極とのなす角，$\Delta p(\delta, t)$ はそこでの，時刻 t における表面気圧の平均値からのずれを表す．k_n' は，表面荷重に対する地球表面におけるポテンシャル変化の係数（荷重ラブ数）である．

荷重ラブ数の低次の項の具体的な値は，たとえばグーテンベルグ–ブレン（Gutenberg-Bullen）地球モデルの場合，$n=2,3,4$ については，それぞれ -0.31，-0.2，-0.13 である（Farrell, 1972）．なお，海洋が気圧変動に対し IB（inverted barometer）的に応答する（すなわち，海洋は大気圧変動に対し逆気圧計のように応答する）と仮定すると，海底には大気圧変動が伝わらず海底は変形しない．よって，この場合は，$(1+k_n')$ のうち k_n' 項の寄与はなく，1 のみ（すなわち海域からの寄与は海面上での全大気の質量変動の積分だけ）になり，大気変動による J_n の変化は小さくなる．

実際には海洋の質量変動は起きており，それを海底圧力観測などで捉えることができる．人工衛星を用いた観測は，グローバルな変動を捉えるが観測間隔が長くエリアシングの問題があるのに対して，海底圧力計の観測は，点の観測ではあるが連続観測であるという特徴がある．ただし海底の圧力変動は，大気および海洋の変動とともに海底の上下変動の影響も反映していることに注意する必要がある．気圧変動の大部分は海面で補償され，海洋変動の波長は比較的

長いので，測線に沿ったアレイ観測を行い，その測線上でほぼ共通に観測される変動は海洋変動であり，相対的な変動は海底変動であるという解釈は実用的である．筆者らはこのような手法で，東太平洋海膨南部の拡大軸を南緯約18度で横断する約700 mの測線に沿った3点で海底圧力観測を行い，拡大軸近傍の沈降と，20世紀最大といわれたエルニーニョの1997年末の収束に伴うと解釈される海洋質量の増加を検出した（Fujimoto et al., 2003）．上述のようにほぼ同じころ，J_2項が定常的な減少傾向から増加に転じており，低緯度地域への質量移動を示している．エルニーニョに伴う海洋変動は赤道域に限られると考えられていたが，南緯約18度で観測された圧力変動は，大規模なENSOのイベントに伴う海洋変動を捉えたと解釈している．

参考文献

[1] Abe, M. and Ooe, M. (2001) Tidal history of the Earth-Moon dynamical system before Cambrian age. *J Geod. Soc. Jpn*, **47**, 514-520.

[2] Barnett, T. P., Adam, J. C., *et al.* (2005) Potential impacts of a warming climate on water availability in snow-dominated regions, *Nature*, **438**, 303-309.

[3] Cabanes, C., Cazenave, A., and Le Provost, C. (2001) Sea level rise during past 40 years determined from satellite and *in situ* observations, *Science*, **294**, 840-842.

[4] Cazenave, A. and Llove, W. (2010) Contemporary sea level rise, *Ann. Rev. Mar. Sci.*, **2**, 145-173.

[5] Chandler, S. C. (1891) On the variation of latitude, *Astron. J.*, **11**, 65-70.

[6] Chao, B. F. (2003) Geodesy is not just for static measurements any more, *Eos Trans., AGU*, **84**, 145 and 150.

[7] Chao, B. F. and Au, A. Y., (1991) Temporal variation of the Earth's low-degree zonal gravitational field caused by atmospheric mass redistribution' 1980-1988, *J. Geophys. Res*, **96**, 6569-6575.

[8] Chen, J. L., Wilson, C. R., *et al.* (2006) Satellite gravity measurements confirm accelerated melting of Greenland ice sheet, *Science*, **313**, 1958-1960 .

[9] Cheng, M. and Tapley, B. D. (2004) Variations in the Earth's oblateness during the past 28 years, *J. Geophys. Res.*, **109**, B09402.

[10] Cox, C. and Chao, B. F. (2002) Detection of a large-scale mass redistribution in the terrestrial system since 1998, *Science*, **297**, 831-833.

[11] Dietrich, R., Ivins, E. R., *et al.* (2010) Rapid crustal uplift in Patagonia due to

enhanced ice loss, *Earth Planet. Sci. Lett.*, **289**, 22-29.

[12] Farrell, W. E. (1972) Deformation of the Earth by surface loads, *Rev. Geophys. Space Phys.*, **10**, 761-797.

[13] Fujimoto, H., Mochizuki, M., et al. (2003) Ocean bottom pressure variations in the southeastern Pacific following the 1997-98 El Niño event, *Geophys. Res. Lett.*, **30**, 1456.

[14] 古屋正人・大久保修平ほか（2001）重力の時間変化でとらえた三宅島 2000 年火山活動におけるカルデラ形成過程, 地学雑誌, **110**, 217-225.

[15] Gwinn, C. R., Herring, T. A., and Shapiro, I. I. (1986) Geodesy by radio interferometry: Studies of the forced nutations of the earth 2. Interpretation, *J. Geophys. Res.*, **91**, 4755-4766.

[16] Hager, B. H., Clayton, R. W., et al. (1985) Lower mantle lateral heterogeneity, dynamic topography and the geoid, *Nature*, **313**, 541-545.

[17] Haskell, N. A. (1937) The viscosity of the asthenosphere, *Amer. J. Sci.*, **33**, 22-28.

[18] Inazu, D., Sato, T., et al. (2009) Accurate ocean tide modeling in southeast Alaska and large tidal dissipation around Glacier Bay, *J. Oceanogr.*, **65**, 335-347.

[19] Karato, S. (2010) Rheology of the Earth's mantle: A historical review, *Gondwana Res.*, **18**, 17-45.

[20] Kimura, H. (1902) A new annual term in the variation of latitude, independent of the components of the pole's motion, *Astron. J.*, **22**, 107-108.

[21] Kinoshita, H. (1977) Theory of rotation of rigid Earth, *Celest. Mechan.*, **15**, 277-326.

[22] Larsen, C. F., Motyka, R. J., et al. (2005) Rapid viscoelastic uplift southern Alaska caused by post-Little Ice Age glacial retreat, *Earth Planet. Sci. Lett.*, **237**, 548-560.

[23] Lowrie, W. (1997) "Fundamentals of Geophysics", Cambridge University Press. 354p.

[24] Matsumoto, K., Takanezawa, T., et al. (2000) Ocean tide models developed by assimilating TOPEX/POSEIDON altimeter data into hydrodybnamical model: A global model and a regional model around Japan, *J. Oceanogr.*, **56**, 567-581.

[25] Matsumoto, M., Sato, T., et al. (2001) GOTIC2: A program for computation of oceanic tidal loading effect, *J. Geod. Soc. Jpn*, **47**, 243-248.

[26] Matsumoto, K., Sato, T., et al. (2006) Ocean bottom pressure observation off Sanriku and comparison with ocean tide models, altimetry, and barotropic signals from ocean models, *Geophys. Res. Lett.*, **33**, L16602.

[27] Matsuo, K. and Heki, K. (2010) Time-variable ice loss in Asian high mountains

from satellite gravimetry, *Earth Planet. Sci. Lett.*, **290**, 30-36.

[28] Miura, S., Sun, W., et al.(2008) Geodetic measurements for monitoring rapid crustal uplift in southeastern Alaska caused by the recent deglaciation, *Eos Trans. AGU*, **89**, Fall Meet. Suppl., Abstract G31A-0641.

[29] Munk, W. H. and McDonald, G. J.(1975) "The Rotation of the Earth: A Geophysical Discussion", revised edition, Cambridge University Press. 342p.

[30] 内藤勲夫（1994）大気水圏起源の地球回転変動,『現代測地学』（日本測地学会 編）6.4 節, pp.313-327, 文献社.

[31] Nakada, M. and Lambeck, K.(1989) Late Pleistocene and Holocene sea-level change in the Australian region and mantle rheology. *Geophys. J. Internl.*, **96**, 497-517.

[32] 大江昌嗣（1994）潮汐成分の理論的表現,『現代測地学』（日本測地学会 編）5.2 節, pp.241-251, 文献社.

[33] Paulson, A., Zhong, S., and Wahr, J. M.(2007) Inference of mantle viscosity from GRACE and relative sea level data, *Geophys. J. Int.*, **171**, 497-508.

[34] Peltier, W. R.(1974) The impulse response of a Maxwell Earth. *Rev. Geophys. Space Phys.* **12**, 649-669.

[35] Peltier, W. R.(1983) Glacial isostatic adjustment and the free air gravity anomaly as a constraint on deep mantle viscosity, *Geophys. J. Roy. Astron. Soc.*, **74**, 377-449.

[36] Peltier, W. R.(2004) Global glacial isostasy and the surface of the ice-age Earth: The ICE-5G（VM2）model and GRACE, *Annu. Rev. Earth Planet. Sci.*, **32**, 111-149.

[37] Sato, T. and Hanada, H.(1984) A program for the computation of ocean tidal loading effects 'GOTIC', *Publ. Int. Lat. Obs. Mizusawa*, **18**, 63-82.

[38] Sato, T., Fukuda Y., et al.(2001) On the observed annual gravity variations and the effect of sea surface height variations, *Phys. Earth Planet. Inter.*, **123**, 45-63.

[39] Sato, T., Larsen, C. F., et al.(2011) Reevaluation of the viscoelastic and elastic responses to the past and present-day ice changes in Southeast Alaska, *Tectonophysics*, **511**, 79-88.

[40] 佐藤忠弘・三浦 哲ほか（2010）gPhone#032 とラコステ&ロンバーグ G578 による南東アラスカ ジュノーにおける重力潮汐の比較観測, 日本地球惑星科学連合 2010 年大会, 講演 SGD002-05.

[41] Schwiderski, E. W.(1983) Atlas of ocean tidal charts and maps. *Mar. Geod.*, **6**, 219-265.

[42] Smith, M. L. and Dahlen, F. A.(1981) The period and Q of the Chandler wobble,

Geophys. J. R. astr. Soc., **64**, 223-281.

[43] Stacey, F. D. (1992) "Physics of the Earth", 3rd ed., Brookfield Press. 513p.

[44] Sun, W., Miura, S., *et al.* (2010) Gravity measurements in southeastern Alaska reveal negative gravity rate of change caused by glacial isostatic adjustment, *J. Geophys. Res.*, **115**, B12406.

[45] Tamura, Y., Sato, T., *et al.* (1991) A procedure for tidal analysis with a Bayesian information criterion, *Geophys. J. Int.*, **104**, 507-516.

[46] Tanaka, S. (2012) Tidal triggering of earthquakes prior to the 2011 Tohoku-Oki earthquake (M-w 9.1), *Geophys. Res. Lett.*, **39**, L00G26.

[47] Velicogna, I. and Wahr, J. M. (2005) Greenland mass balance from GRACE, *Geophys. Res. Lett.*, **32**, L18505.

[48] Velicogna, I. and Wahr, J. M. (2006) Measurements of time-variable gravity show mass loss in Antarctica, *Science*, **311**, 1754-1756.

[49] Wahr, J. M. (1981a) Body tides of an elliptical, rotating, elastic and oceanless earth, *Geophys. J. R. astr. Soc.*, **64**, 677-703.

[50] Wahr, J. M. (1981b) The forced nutations of an elliptical, rotating, elastic and oceanless earth, *Geophys. J. R. astr. Soc.*, **64**, 705-727.

[51] Yasuda, I., Osafune, S., and Tatebe, H. (2006) Possible explanation linking 18.6-year period nodal tidal cycle with bi-decadal variations of ocean and climate in the North Pacific. *Geophys. Res. Lett.*, **33**, L08606.

[52] Zachos, J. C., Shackleton, N. J., *et al.* (2001) Climate response to orbital forcing Across the Oligocene-Miocene boundary, *Science*, **292**, 274-278.

第2部

地殻変動

第 5 章 地殻変動観測

「地殻変動」とは，地球の最表層を構成する地殻で起こるさまざまな変形現象をさすが，本書ではとくに測地学的な手法によって観測・研究される比較的継続時間の短い非波動現象について取り扱うこととする．弾性波動論によって記述される波動現象については地震学によって研究されている．以下では，地殻変動観測手法，変動源をモデル化するための解析手法などについて述べる．地殻変動観測のうち三角・三辺測量や水準測量といった伝統的な測地測量については他書 (日本測地学会，1974; 日本測量協会，1988 など) に詳しい．本章では近年急速な発展を遂げている宇宙測地技術などの新しい測地観測手法について解説する．

5.1 GPS

5.1.1 GPS の概要

GPS（Global Positioning System，全地球測位システム）は 1980 年代に米国において開発された人工衛星による位置決定システムである．このシステムは，宇宙部分 (space segment)，制御部分 (control segment)，利用者部分 (user segment) の 3 部分から成り立っている．宇宙部分は GPS 衛星本体，制御部分は GPS 衛星を追跡し管制する地球上の制御局，そして，利用者部分は人工衛星からの電波を受信して位置を測定する部分である．制御局では，各 GPS 衛星の追跡データから衛星軌道や衛星時計パラメータ（補正値）を計算し，GPS 衛星

第 5 章　地殻変動観測

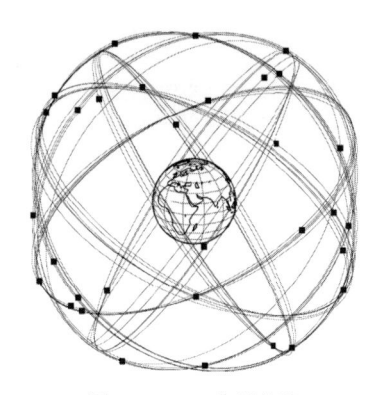

図 5.1　GPS 衛星軌道
黒四角印は，2010 年 1 月 1 日 00:00 (GPST) における GPS 衛星の位置を，細線は各衛星の軌道を示す．

へ送信している．各 GPS 衛星はこれらのパラメータを航法メッセージとして送信している．

　GPS 衛星は，軌道半径約 26,600 km（地球の平均半径の約 4 倍）の円軌道に打ち上げられており，6 つの軌道面に各 4 個ずつ，計 24 個配置されている（図 5.1，実際には予備も含めて 30 個前後配置されている）．赤道面に対する各軌道面の傾斜角は 55° である．各軌道面は均等に配置されているので，それぞれの昇交点は 60° 間隔である．これにより，地球上どこでも，常時仰角 15° 以上に単独測位に必要な最低 4 個の衛星を観測することができるように設計されている．実際には各軌道面ごとに予備の衛星を含めて，常時 30 個前後の GPS 衛星が配置されている．

　各 GPS 衛星には周波数標準として高い安定度をもつ原子時計が搭載されており，その基本周波数（10.23 MHz）から分周された 2 つの周波数の搬送波（L1 帯：1575.42 MHz，L2 帯：1227.60 MHz）が，**航法メッセージ**（navigation message）で変調され地球に向けて送信されている．航法メッセージには，**放送暦**（broadcast ephemeris）とよばれる各 GPS 衛星の軌道情報が含まれている．GPS 受信機はこれらの情報を読み取って直角座標系における衛星座標値 (X, Y, Z) を計算する．この座標系は WGS-84 とよばれる回転する地球に固定された地心座標系で，原点は地球重心，Z 軸は北極方向，X 軸は本初（グリニッジ）子午線方向を向き，Y 軸は右手系をなすように X, Z 軸に垂直に設定される．

ケプラー (Kepler) の第一法則によれば人工衛星は地球重心を焦点とする楕円軌道をとるが，GPS衛星の場合には離心率は0.02と非常に小さく，おおむね円軌道と見なすことができる．

5.1.2 単独測位

GPSによる測位は，三辺測量の原理に基づいている．三辺測量は，3点以上の位置のわかっている基準点からの距離を測って未知の点の位置を推定するものである．GPSの場合には，基準点は上空にあるGPS衛星であり，地上のGPS受信機との間の距離が測定される．GPS受信機で測定できるのは，衛星−受信機間の距離そのものではなく，ある信号がGPS衛星から送信された時刻とその信号がGPS受信機で受信された時刻との差から計算された距離であり，その意味で**擬似距離**（pseudorange）とよばれている．すなわち，

$$\rho_j^i = c(T_j - \bar{T}^i) \tag{5.1}$$

> **コラム3** GPS開発の歴史
>
> GPS (Global Positioning System, 全地球測位システム) は，米国において1960年代以降に開発が進められてきた軍事用衛星測位システムにそのルーツをたどることができる．実用的な精度を有する最初の衛星測位システムは，TRANSIT衛星である．これは，衛星から発信される電波を地上で受信しそのドップラー（Doppler）シフトから位置を計測するものであり精度は100〜200mであった．1970年代初頭までにその精度は全世界で10mに達し，World Geodetic System 1972 (WGS72) という測地基準系策定につながった．電波を用いた人工衛星追跡によるグローバルな測地基準系の策定は，1970年代後半のGPS開発のきっかけとなった．
>
> 米国国防総省は，1978年に最初のBlock I GPS衛星Navstar 1を打ち上げたのを皮切りに，二周波搬送波位相によるGPSデータ解析ソフトウエアの開発とテストのため，1985年までに10個のBlock I衛星を打ち上げている．1989年には，最初の本格的な実用衛星（Block II）が打ち上げられ，1994年に24衛星からなるシステムが完成した．これにより，世界中のあらゆる場所で24時間5個以上のGPS衛星からの信号を受信できるようになった．その後，1990年以降はBlock IIA，1997年以降はBlock IIR，2005年以降はBlock IIR-M（新たにL2C信号を追加），2010年以降はBlock IIF（新たにL5信号を追加）が打ち上げられている．

ここで ρ_j^i は GPS 衛星 i と受信機 j との間の疑似距離，c は光の速さ，T_j は受信機時計に準拠した受信時刻，T^i は衛星時計に準拠した送信時刻である．GPS 衛星は搭載している原子時計の時刻情報を符号化し，マイクロ波に重畳させて地上に向けて送信している．すなわち，搬送波であるマイクロ波と，衛星ごとに定められたフォーマットに従って ±1 で符号化されたコード情報をかけ算したものが送信電波である．GPS 受信機では，衛星が送信するコードと同じものを内部で生成し，受信信号と相互相関をとることで両者間の時刻差を測定し，それに光の速さをかけて擬似距離を算出する．擬似距離とよばれているのは，上記のようにして得られる距離には，受信機の時計誤差（クロックバイアス）が含まれるためである．この時計誤差は時間変動しているものの，擬似距離が測定されるある時刻においては，全 GPS 衛星について共通なので，受信機の三次元座標値に加えて第四の未知数として推定される．したがって GPS による測位では 4 個以上の衛星からの信号が必要となる．なお，GPS 衛星に搭載されている原子時計にもわずかな誤差があるが，これについては，衛星から補正情報として送信される．以上のような測位方法は単独測位法とよばれ，カーナビゲーションシステムや携帯電話など比較的安価な GPS 受信機において採用されており，精度は数 m 程度である．

5.1.3　高精度測位

以下では測地用 GPS 受信機を用いた高精度測位の原理について述べる．測地用 GPS 受信機は，前節で述べた擬似距離のみならず**搬送波位相**（carrier phase）の測定が可能となっている点が安価な GPS 受信機との大きな違いである．搬送波位相観測量は，GPS 衛星から送信され受信機で受信された搬送波の位相と，受信機の内部時計に同期し生成された搬送波の位相との差である．これに搬送波の波長をかけることにより衛星までの距離が求められる．これは，式 (5.1) で定義されたコード擬似距離と同様のものであるが，精度としては 100 倍以上良い．搬送波位相観測量の欠点は，受信機のクロックバイアスに加えて，波長の整数倍のバイアス（整数値バイアス）が存在することであるが，このバイアスは，**整数値バイアス決定法**（ambiguity resolution）により決定できる．整数値バイアス決定は，GPS 測位において最高精度を達成するために必要不可欠である．

以下では L_1 および L_2 帯の搬送波の位相観測量を L_1, L_2，擬似距離観測量を

P_1, P_2 (単位はいずれも m) とする．i 番目の衛星からの信号を j 番目の受信機で受信した場合のこれらの観測量は，一般的に

$$P_j^i = c(T_j - \bar{T}^i) + B_j^i \tag{5.2}$$

と書くことができる．ここで，c は光の速さ，T_j は受信機時計に準拠して測定された受信時刻，$\bar{T}^i$ は衛星時計に準拠して測定された送信時刻である．B_j^i は測定系内の遅延や，搬送波位相観測においては整数値バイアスなど種々の「バイアス」をひとまとめにしたものである．GPS 衛星は軌道上を約 4 km/s の速さで航行しているため相対論的効果を無視できず，それを考慮すると (5.2) 式は以下のように書き換えられる．

$$P_j^i = c\{(T_j - t_j) + (t_j - t^i) + (t^i - \bar{t}^i) + (\bar{t}^i - \bar{T}^i)\} + B_j^i \tag{5.3}$$

ここで，t_j, t^i は，それぞれ地球に固定された時計で計測された受信機，および衛星における時刻 $\bar{t}^i$ は，衛星に固定された時計で計測された衛星の時刻である．(5.3) 式右辺の { } 内第 1 項で定義される

$$(T_j - t_j) = \tau_j \tag{5.4}$$

は，受信機のクロックバイアスであり，データ解析において各エポックごとに推定される．(5.3) 式第 2 項は，GPS 時に準拠したデータ受信時刻と送信時刻の差（光差方程式）であるから，

$$\begin{aligned} c(t_j - t^i) &= r_j^i + \sum_{\text{prop}} \Delta r_{\text{prop}j}^i \\ &= \left| \mathbf{r}_j(t_j) - \mathbf{r}^i(t^i) \right| + \Delta r_{\text{GR}j}^i + \Delta r_{\text{ion}j}^i \\ &\quad + \Delta r_{\text{trop}j}^i + \Delta r_{\text{pev}j}^i + \Delta r_{\text{circ}j}^i + K \end{aligned} \tag{5.5}$$

と書ける．ここで，$r_j^i = \left| \mathbf{r}_j(t_j) - \mathbf{r}^i(t^i) \right|$ は衛星と受信機間の距離，$\sum_{\text{prop}} \Delta r_{\text{prop}j}^i$ は種々の伝搬遅延量の総和であり，その中身は，一般相対論的な時空曲率による遅延 $\Delta r_{\text{GR}j}^i$，電離層遅延 $\Delta r_{\text{ion}j}^i$，対流圏遅延 $\Delta r_{\text{trop}j}^i$，アンテナ位相中心変動による遅延 $\Delta r_{\text{pev}j}^i$，円偏波による遅延 $\Delta r_{\text{circ}j}^i$，そしてその他の要因による遅延 K からなる．また，$\mathbf{r}_j(t_j)$ はデータ受信時の受信機の座標，$\mathbf{r}^i(t^i)$ はデータ送信時の衛星の座標である．座標系は**地球中心慣性座標系**（Earth-centered inertial coordinate, ECI）である．

一般相対論的効果による遅延は次式で計算できる．

$$\Delta r^i_{\mathrm{GR}j} = \frac{2G}{c^2} \ln \frac{r_j + r^i + r^i_j}{r_j + r^i - r^i_j} \tag{5.6}$$

ここで，G は万有引力定数である．電離層遅延については，次式により十分な精度で近似できる．

$$\Delta r^i_{\mathrm{ion}j} = \pm k \frac{E^i_j}{f^2} \tag{5.7}$$

ここで，E^i_j は電離圏全電子数（total electron contents）であり，太陽輻射の影響を強く受けるため日変動が大きく地理的位置によっても変化する物理量である．f は搬送波の周波数，k はプラズマ中の電磁波伝搬理論に基づいて得られる定数である．GPS で使われている L バンドにおける遅延量は，赤道付近の 14 時ころには最大 100 m にも達する．上式は近似式であるが，高次の効果は数 mm 程度であり無視できる．この分散性を利用して，L_1，L_2 の 2 周波の搬送波位相観測量 L_1, L_2 を組み合わせることにより，電離層遅延の影響を受けない（ionosphere-free）位相観測量 L_c をつくることができる．

$$L_c = \frac{f_1^2 L_1 - f_2^2 L_2}{f_1^2 - f_2^2}$$
$$\cong 2.546 L_1 - 1.546 L_2 \tag{5.8}$$

対流圏においては，マイクロ波により気体分子に電気双極子が誘導され，それが励起されることによって伝搬遅延が生じる．とくに水分子は，分子構造の特徴により永久電気双極子を形成しており，強く励起されるため大気中に占める比率は小さいものの，全対流圏遅延量への寄与が最大 2 割程度と大きく，湿潤大気遅延，またはウエット項とよばれる．大きさとしては，0.1 m のオーダーである．一方，水分子以外の寄与は乾燥大気遅延，またはドライ項とよばれ，約 2 m 程度である．ドライ項は，観測点の気圧におおむね比例することから静水圧遅延とよばれることもある．すなわち，対流圏遅延は，

$$\Delta r^i_{\mathrm{trop}j} = \Delta r^i_{\mathrm{dry}j} + \Delta r^i_{\mathrm{wet}j}$$
$$= Z_{\mathrm{dry}} F_{\mathrm{dry}}(\varepsilon^i_j) + Z_{\mathrm{wet}} F_{\mathrm{wet}}(\varepsilon^i_j) \tag{5.9}$$

となる．ドライ項 $Z_{\mathrm{dry}}(m)$ は，観測地点における大気圧 P_0 (hPa) の関数として

次式でモデル化できる．

$$Z_{\mathrm{dry}} = 2.276 \times 10^{-3} P_0 \tag{5.10}$$

ウエット項については，分散性がなく2周波観測でも補正できないため，観測点座標値とともにモデルパラメータとして，データ解析の際に同時に推定される．対流圏遅延モデルは，測位解の精度向上を図るためだけでなく，対流圏の研究にとっても重要であり，可降水量を求めるための対流圏遅延量の推定は，数値天気予報や気候モデルの構築に応用されている．この場合，地表における気象観測データは，ドライ項とウエット項を分離するうえで重要である．

(5.3) 式の第3項は，地球に固定された時計で計測された衛星の時刻，および，衛星に固定された時計で計測された衛星の時刻（固有時）の差であり，相対論的効果を表している．特殊相対論，一般相対論双方の効果を加味し，GPS 衛星用クロックの周波数を 10.23 MHz より 4.55 mHz だけ低く設定することにより，補償している．

(5.3) 式の第4項

$$\overline{t^i} - \overline{T^i} = \tau^i \tag{5.11}$$

は，衛星の固有時と衛星のクロックの差であり，単純に衛星のクロック誤差である．以上の議論から，(5.3) 式は，次式のように簡略化できる．

$$P_j^i = c[\tau_j + (t_j - t^i) + \tau^i] + B_j^{'i} \tag{5.12}$$

ただし，相対論的効果は $B_j^{'i}$ に含まれている．

Ⓐ 二重位相差法

簡単のため，種々の補正項を無視して実際に測定される搬送波位相を式で書くと，

$$\Phi_j^i(t) = \frac{1}{\lambda} \rho_j^i(t) + N_j^i + f \Delta \delta_j^i(t) \tag{5.13}$$

となる．ここで $\Phi_j^i(t)$ は測定される搬送波位相，λ, f は搬送波の波長と周波数，$\rho_j^i(t)$ は擬似距離である．N_j^i は**位相の不確定性**（phase ambiguity）であり，整数値をとる整数値バイアスである．$\Delta \delta_j^i(t)$ は受信機と衛星のクロックのバイアスの擾乱であり，$\Delta \delta_j^i(t) = \delta^i(t) - \delta_j(t)$ と書けるから，

である．

$$\begin{aligned}
\Phi_j^i(t) &= \frac{1}{\lambda}\rho_j^i(t) + N_j^i + f\Delta\delta_j^i(t) \\
&= \frac{1}{\lambda}\rho_j^i(t) + N_j^i + f\delta^i(t) - f\delta_j(t)
\end{aligned} \tag{5.14}$$

である．衛星 i からの搬送波位相を j, k の受信機で観測したときの差を取ると，

$$\begin{aligned}
\Phi_{jk}^i(t) &= \Phi_j^i(t) - \Phi_k^i(t) \\
&= \frac{1}{\lambda}\left[\rho_j^i(t) - \rho_k^i(t)\right] + N_j^i - N_k^i - f\left[\delta_j(t) - \delta_k(t)\right] \\
&= \frac{1}{\lambda}\rho_{jk}^i(t) + N_{jk}^i - f\delta_{jk}(t)
\end{aligned} \tag{5.15}$$

となり，衛星のクロックバイアス $f\delta^i(t)$ が相殺される．これを**一重位相差**（single difference）とよぶ．ただし，$\rho_{jk}^i(t) = \rho_j^i(t) - \rho_k^i(t)$, $N_{jk}^i = N_j^i - N_k^i$, $\delta_{jk}(t) = \delta_j(t) - \delta_k(t)$ である．

さらに，これと衛星 l からの搬送波位相を j, k の受信機で観測したときの一重位相差 $\Phi_{jk}^l(t)$ との差（**二重位相差**，double difference）を取ると，

$$\begin{aligned}
\Phi_{jk}^{il}(t) &= \Phi_{jk}^i(t) - \Phi_{jk}^l(t) \\
&= \frac{1}{\lambda}\left[\rho_{jk}^i(t) - \rho_{jk}^l(t)\right] + \left[N_{jk}^i - N_{jk}^l\right] \\
&= \frac{1}{\lambda}\rho_{jk}^{il}(t) + N_{jk}^{il}
\end{aligned} \tag{5.16}$$

となって，受信機のクロックバイアスも相殺されることがわかる．ただし，

$$\begin{aligned}
\rho_{jk}^{il}(t) &= \rho_{jk}^i(t) - \rho_{jk}^l(t) = \rho_j^i(t) - \rho_k^i(t) - \rho_j^l(t) + \rho_k^l(t) \\
N_{jk}^{il} &= N_{jk}^i - N_{jk}^l = N_j^i - N_k^i - N_j^l + N_k^l
\end{aligned} \tag{5.17}$$

である．(5.16)式が二重位相差法における観測方程式であり，左辺の観測値から右辺の未知パラメーターを最小2乗法によって推定する．具体的な推定方法については，土屋・辻（2002）などに詳しく述べられているのでそちらを参照されたい．

❸ 精密単独測位法

前節で述べた二重位相差法は，解析時間がおおむね観測点数の3乗に比例して増加する（Zumberge et al., 1997）ため，多くの観測点からなる観測網では，いったんいくつかのグループに分けて解析した後，その結果を統合したりすることによって計算時間を少なくする工夫が必要である．

これに対し，Zumberge et al.（1997）は，グローバルな GPS 連続観測網によってあらかじめ高精度に推定されている衛星の精密暦（軌道情報）や時計誤差，地球回転などのパラメータの値を既知とし，受信機の座標値や，クロックバイアス，対流圏遅延量のみを未知パラメータとして推定する**精密単独測位法**（precise point positioning, PPP）を提案している．この方法によって得られる測位解の精度は，二重位相差法によるものよりも若干低下するが，ほとんど遜色はない程度である．

この方法の欠点として，本来推定値であるはずの衛星の軌道情報を既知パラメータとしているため，解析の結果得られる未知パラメータの推定誤差が，見かけ上かなり小さめに求められることが挙げられる．また，軌道情報に何らかのバイアスが重畳してしまった場合には，すべての解析結果にオフセットが生じてしまうことも考えられる．解析結果を評価する際には，こういった点に注意が必要である．

5.1.4　GPS 観測

GPS 観測には，いくつかの観測方法がある．数時間から 1 日の観測によってその観測点の平均的な座標値を推定する場合を**スタティック測位**（static positioning）という．これに対して，GPS 衛星からの搬送波位相のサンプリング（エポック）ごとに座標値を推定する場合を**キネマティック測位**（kinematic positioning）という．前者のほうが，多数の観測データに基づいて 1 組の座標値を推定するため最高の精度が得られる．後者では，スタティック測位ほど精度はよくないものの，1 秒あるいはそれ以下といった高速のサンプリングを行うことで，地震波動を観測することも可能で，「GPS 地震計」として地震学への応用も始まっている（たとえば，Larson et al., 2003; Ohta et al., 2006）．

リアルタイムのキネマティック測位の処理速度が向上し，多数の観測点について数 cm の精度が得られるようになった．これにより，数分という短時間で地震断層とすべり量を推定し，マグニチュードを求めることが可能になっている．Ohta et al.（2012）は，マグニチュード 9.0 の 2011 年東北地方太平洋沖地震（東北沖地震）発生時に観測された GPS のデータを用いて，リアルタイムのキネマティック測位の模擬実験を行い，超巨大地震の場合でも，地震発生後 4 分程度で地震断層とすべり量を推定し，マグニチュード 8.7〜8.8 と推定できる

ことを示した.さらに Tsushima et al.(2009)の手法を用いることにより,その後約 1 分で,海岸に到達する津波を予測できることも示した.気象庁では,東北沖地震の規模をマグニチュード 8.8 と推定するのに数時間を要するという問題があったが,この手法が実用化されれば,数分後にはおよその規模を求めるとともに,より正確な津波警報を出すこともできるという意味で画期的な進歩である.

　スタティック測位でも,観測点の占有時間によってキャンペーン観測と連続観測という分け方がある.前者は,金属標などの**基準点**(bench mark)の直上に三脚でアンテナを設置し,数時間〜数日間観測を行う.基準点が測量用のボルトの場合には,アンテナを直接取り付けることもある.期間を限定して高密度の観測データを取得できる反面,設置・撤収作業にマンパワーが必要であることや,とくに三脚を用いる場合には,アンテナ高の測定を注意深く行う必要があるなど,デメリットもある.

　連続観測では,地面に固定したコンクリート製や金属製のピラー(柱)にアン

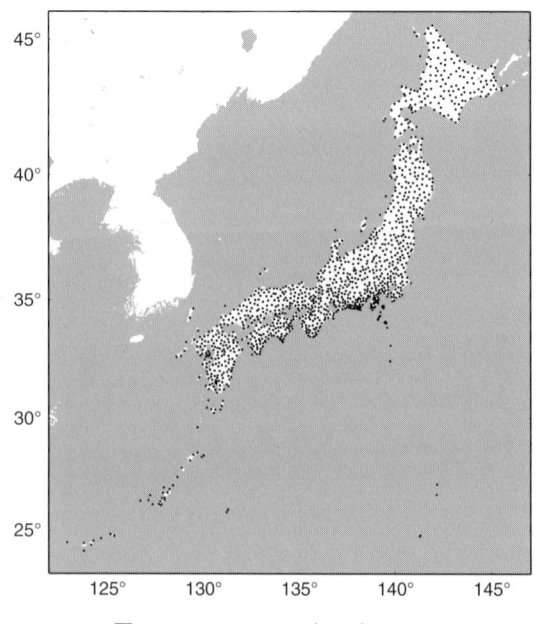

図 5.2　GEONET の観測点配置図

テナを設置し，電力や通信回線も整備して 24 時間，365 日連続でデータを取得する．したがって，日々の座標値が連続的に得られ，地震時の地殻変動のような急激な変動のみならず，数 mm yr^{-1} といったわずかな地面の動きを捉えることもできる．わが国では，1996 年以降国土交通省国土地理院により，世界にさきがけて **GPS 連続観測システム**（GEONET, GPS earth observation network system）が整備された．GEONET は、全国約 1,200 カ所に設置された電子基準点から構成され（図 5.2），高密度かつ高精度な測量網の構築と広域の地殻変動の監視などを目的とした観測網である．これまで，GEONET で取得された観測データをもとに，地震や火山の活動に伴って生じたさまざまな地殻変動現象について多くの研究が行われている．

5.2 干渉 SAR

人工衛星搭載の**合成開口レーダー**（synthetic aperture rader, SAR）は，衛星から地表に向けてマイクロ波を照射し，地表からの反射波（後方散乱波）の振幅や位相情報を使って，地形や海流，海氷の運動，土壌水分，植生などを捉えるためのリモートセンシング技術のひとつである．地表の同じ領域において複数回観測を行い，得られた画像を干渉処理する（**干渉 SAR**, interferometric synthetic aperture radar, InSAR）ことにより，地表の cm オーダーの地殻変動を，これまでに得られなかった高い空間分解能で検出することが可能になった．実際に，1992 年に米国カリフォルニア州で発生した Landers 地震（M7.3）についての Massonnet et al.（1993）の解析事例以降，地震性・火山性地殻変動に関する多くの研究が行われている．本節では，今や地殻変動観測の強力なツールのひとつとなった干渉 SAR について概要を述べる．

5.2.1 SAR 画像の作成

人工衛星 SAR の観測では，進行方向（アジマス方向）に対して，真横斜め下方（レンジ方向）の幅 100 km 程度の範囲にマイクロ波の短いパルスを照射し，地表からの後方散乱波（レーダーエコー）の振幅と位相を計測する（図 5.3）．得られる画像データは，複素画像であり，SLC（single look complex）画像とよばれる．複素数である理由は，反射強度に対応する振幅と距離情報などを含む

第 5 章 地殻変動観測

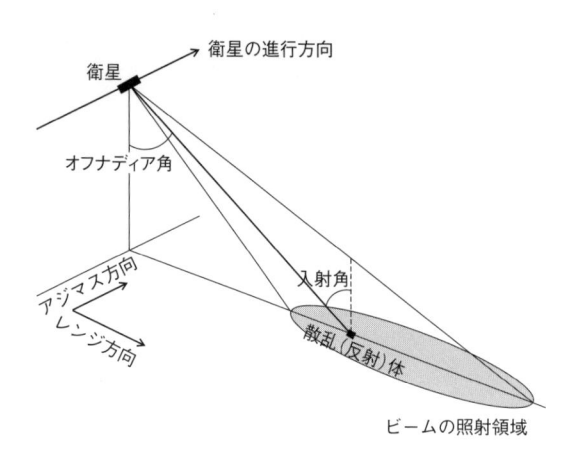

図 5.3 SAR 計測の概要

位相双方の情報が，地表上の約 10 m 四方の大きさの画素（ピクセル）ごとに含まれているからである．

最初に，このような高分解能の画像が得られる原理について簡単に説明する．なお，詳細は飯坂（1998）や古屋（2006）などを参照されたい．人工衛星 SAR は，高度 700～800 km の極軌道上を周回し，1～2 kHz の頻度で 20～40 μs（マイクロ秒）の長さのマイクロ波のパルスを，入射角 20～50° 程度でレンジ方向に送信しつつ，地上からの反射波を受信しながらアジマス方向に移動する．

このパルス波が時間幅 T_p の単純な矩形波の場合の空間分解能は，

$$\rho_r = \frac{cT_p}{2}\sin\theta = \frac{c}{2B_w}\sin\theta \tag{5.18}$$

で表される．ここで，c は光速，B_w はバンド幅（帯域幅）で $B_w = 1/T_p$ の関係があり，θ は入射角である．この式に上記の実際の数値を代入すると，分解能は 10 km のオーダーであり，高分解能の画像は得られない．そこで，図 5.4 のように周波数が時間の 1 次関数で変化するような**線形周波数変調パルス**（linear frequency modulation pulse），またはチャープパルスを採用すると，送信波形は次式のように書ける．

$$S_t(t) = \mathrm{rect}\left(\frac{t}{T_p}\right)\cos\left[2\pi\left(f_c t + \frac{K_r t^2}{2}\right)\right] \tag{5.19}$$

ここで，$\mathrm{rect}(t/T_p)$ は長さ T_p の矩形関数，f_c は送信するマイクロ波の周波数

5.2 干渉 SAR

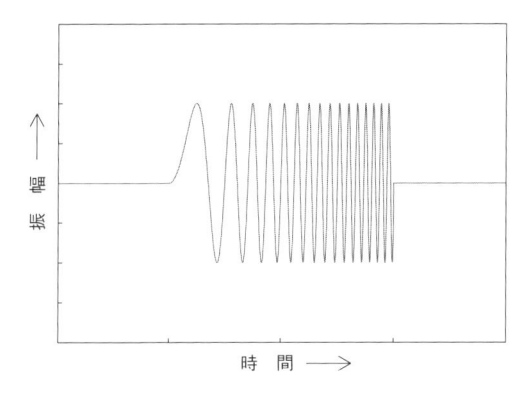

図 5.4 線形周波数変調（チャープ）パルスの例

（数 GHz），K_r（チャープ率）は $10^{11} \sim 10^{12}\,\mathrm{Hz\,s^{-1}}$ の定数である．

衛星からの距離が R の地表の 1 点にだけ反射源がある場合を考えると，t_0 秒後に帰ってくる反射波は次式のように書ける．

$$S_\mathrm{r}(t) \propto \mathrm{rect}\left(\frac{t-t_0}{T_\mathrm{p}}\right) \cos\left[2\pi\left(f_\mathrm{c}(t-t_0) + \frac{K_\mathrm{r}(t-t_0)^2}{2}\right)\right] \tag{5.20}$$

高周波成分である $\cos(2\pi f_c t)$ の項は平滑化し，上式を複素数を用いて書き直すと

$$S_\mathrm{r}'(t) = \mathrm{rect}\left(\frac{t-t_0}{T_\mathrm{p}}\right) \exp\left(-i\frac{4\pi R}{\lambda}\right) \exp\left[i\pi K_\mathrm{r}(t-t_0)^2\right] \tag{5.21}$$

となる．ただし，λ はマイクロ波の波長である．実際の受信波形には種々のノイズが重畳しており，それらを除去する必要がある．そこで，反射波は理想的には送信波と相似の時間変化をしていることを利用して，両者の相互相関をとると，

$$\begin{aligned}
g_\mathrm{out} &= \int_{-\infty}^{+\infty} S_\mathrm{r}(t) S_\mathrm{t}^*(t-x)\,dx \\
&= (T_\mathrm{p} - |t-t_0|)\,\mathrm{rect}\left(\frac{t-t_0}{2T_\mathrm{p}}\right) \frac{\sin\left[K_\mathrm{r}t(T_\mathrm{p} - |t-t_0|)\right]}{K_\mathrm{r}t(T_\mathrm{p} - |t-t_0|)} \\
&\approx T_\mathrm{p} \frac{\sin\left[K_\mathrm{r}t(T_\mathrm{p} - |t-t_0|)\right]}{K_\mathrm{r}t(T_\mathrm{p} - |t-t_0|)} \\
&= T_\mathrm{p}\,\mathrm{sinc}\left[K_\mathrm{r}T_\mathrm{p}(t-t_0)\right]
\end{aligned} \tag{5.22}$$

となる．g_out は sinc 関数型（$f(x) = \sin(\pi x)/\pi x$）の波形となり，チャープ変調

を受けた送信波形がパルス幅の狭い波形に変換される（パルス圧縮）．この波形のパルス幅は $1/K_\mathrm{r}T_\mathrm{p}$ なので，分解能は

$$\rho'_\mathrm{r} = \frac{c}{2K_\mathrm{r}T_\mathrm{p}}\sin\theta = \frac{c}{2B_\mathrm{w}^\mathrm{r}}\sin\theta \tag{5.23}$$

となり，(5.18) 式と比較すると，$K_\mathrm{r}^{-1}T_\mathrm{p}^{-2}$ 倍となっていることがわかる．ここで，$B_\mathrm{w}^\mathrm{r} = K_\mathrm{r}T_\mathrm{p}$ はパルス圧縮を行ったときのバンド幅である．実際，$K_\mathrm{r}T_\mathrm{p}^2 = 10^{12} \times (4\times 10^{-5})^2 = 1.6 \times 10^3$ であるから，分解能は 1,000 倍以上向上し，10 m のオーダーとなる．以上の処理を**レンジ圧縮**（range compression）という．

アジマス方向の高分解能化は以下のようにして行われる．SAR から送信されるマイクロ波のビームは広がりをもっているため，地表にある点反射源からのデータは，複数のパルスによる反射波の重ね合わせとなる．したがって，アジマス方向に V で移動する衛星からの反射波は，(5.21) 式を拡張して，

$$S_\mathrm{a}(t,s) = A_0 \mathrm{rect}\left(t - \frac{2R(s)}{c}\right) w_\mathrm{s}(s) \exp\left(-i\frac{4\pi R(s)}{\lambda}\right) \times \\ \exp\left[i\pi K_\mathrm{r}\left(t - \frac{2R(s)}{c}\right)^2\right] \tag{5.24}$$

と書くことができる．ここで，t はレンジ方向に沿って変化する現象を計測するための時間で，μs オーダーの間隔で測定される．s はアジマス方向に沿って変化する現象を計測するための時間で，パルスの送信間隔が数 kHz であるため，ms オーダーの間隔で測定される．$w_\mathrm{s}(s)$ は，地表のある点反射源がアジマス方向に沿って移動する SAR アンテナのビーム内に入ってから出ていくまでの振幅変化を表す重み関数である．図 5.5 に示すように，衛星が速度 V_r で進行しているとすると $R(s) = \sqrt{R_0^2 + (V_\mathrm{r}s)^2} \approx R_0 + V_\mathrm{r}^2 s^2/2R_0$ なので，$K_\mathrm{a} = 2V_\mathrm{r}^2/\lambda R_0$ とすると，(5.24) 式は

$$S_\mathrm{a}(t,s) = A_0 \mathrm{rect}\left(t - \frac{2R(s)}{c}\right) w_\mathrm{s}(s) \exp\left(-i\frac{4\pi R_0}{\lambda}\right) \times \\ \exp\left\{-i\pi K_\mathrm{a}s^2\right\} \exp\left[i\pi K_\mathrm{r}\left(t - \frac{2R(s)}{c}\right)^2\right] \tag{5.25}$$

と書ける．$\exp(-i\pi K_\mathrm{a}s^2)$ の項の指数部は時間 s の 2 乗に比例しており，チャープパルスの場合と同様に周波数変調を受けていることと等価であることがわかる（K_a は K_r に対応するチャープ率）．つまり，アジマス方向についてもレンジ方

5.2 干渉 SAR

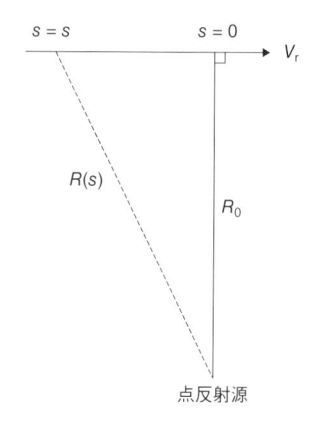

図 5.5 斜距離（スラントレンジ）の時間変化

向と同様に圧縮処理を行って分解能を高めることが可能となる．以上の処理を**アジマス圧縮**（azimuth compression），または**合成開口処理**（synthetic aperture rader data processing）という．アジマス圧縮をしない場合，アジマス方向の分解能はアンテナの大きさのみで決まる．アンテナのアジマス方向の長さを L とすると，角度の分解能は λ/L なので，地表のターゲットの分解能は，

$$\rho_\mathrm{a} = \frac{R\lambda}{L} \tag{5.26}$$

となり，数〜10 km 程度である．

地上のある反射点は，

$$T_\mathrm{a} = \frac{R\lambda}{LV_\mathrm{r}} \tag{5.27}$$

の時間だけ，マイクロ波のパルスを照射されることになる．レンジ圧縮の場合との対応により，アジマス圧縮の場合のバンド幅は，

$$B_\mathrm{w}^a = K_\mathrm{a} T_\mathrm{a} = \frac{2V_\mathrm{r}}{L} \tag{5.28}$$

であるから，分解能は

$$\rho_\mathrm{a}' = \frac{V_\mathrm{r}}{B_\mathrm{w}^a} = \frac{L}{2} \tag{5.29}$$

となる．すなわち，アジマス方向の分解能は衛星の高度やマイクロ波の波長などによらず，アンテナの大きさのみで決まる．

5.2.2. 画像マッチング

干渉SAR画像は，前項の方法により得られるSLC画像を，時間をおいて複数枚作成し，各SLC画像において対応する画素（ピクセル）の位相変化を抽出することによって得られる．したがって，地殻変動を示す「正しい」干渉SAR画像を得るためには，各SLC画像の位置合わせ（**画像マッチング**, image registration）を行って，各ピクセルの対応づけを正確に行う必要がある．実際には，各SLC画像についてSAR衛星の軌道は完全に同一ではなく，**軌道間距離**（baseline length）があるため，各ピクセルも完全に一致させることはできないものの，工夫をすることにより0.5ピクセル以下の精度で対応づけを行うことが可能である．実際の処理方法については，飛田ほか（1999）に詳しく述べられている．

5.2.3 干渉SARによる地殻変動の検出

前項までに述べたデータ処理により，10 m程度の高い空間分解能で複数のSLC画像の位相変化が得られることがわかった．こうして得られる各ピクセルの位相変化 ϕ_{obs} には，異なるSLC画像が撮像されたときの衛星軌道の違いによる成分 ϕ_{orb}，地形による成分 ϕ_{top}，そして地殻変動による成分 ϕ_{def} が含まれており，次式のように表すことができる（小澤，2006）．

$$\phi_{\mathrm{obs}} = \phi_{\mathrm{orb}} + \phi_{\mathrm{top}} + \phi_{\mathrm{def}} + \varepsilon \tag{5.30}$$

ここで，εは，その他の要因による位相変化分つまりノイズである．

まず最初に，ϕ_{orb}について考える．図5.6に示すように，地表のある領域について2回のSAR観測を，それぞれA1，A2から行ったとする．このとき，衛星と地表の散乱体との間の距離を，それぞれ ρ，$\rho+\delta\rho$ とすると，2回の観測における位相差は

$$\phi = \frac{4\pi}{\lambda}\delta\rho \tag{5.31}$$

と書ける．一方，余弦定理により，

$$(\rho+\delta\rho)^2 = \rho^2 + B^2 - 2\rho B \sin(\theta-\alpha) \tag{5.32}$$

と書くことができる．ここで，B は**基線長**（baseline length），θ はオフナディア（off-nadir, nadirとは天底（天頂の反対方向）のこと）角，α は基線方向と

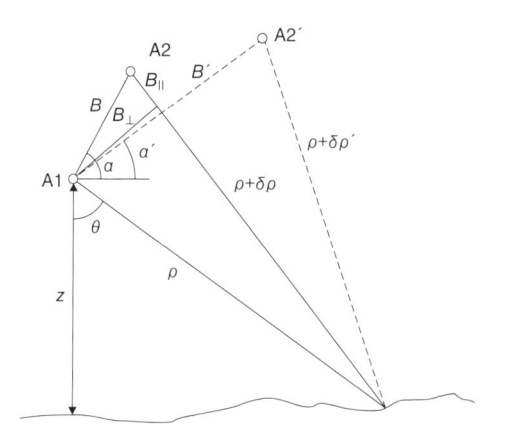

図 5.6 干渉 SAR 観測における衛星と地表の散乱体との位置関係

水平面のなす角である．$\delta\rho$ が十分小さい量だと仮定して，その 2 次の項を無視すると，

$$\delta\rho \approx B\sin(\theta - \alpha) + \frac{B^2}{2\rho} \tag{5.33}$$

さらに衛星 SAR の場合には，$B \ll \rho$ が成り立つとしてよいから，

$$\delta\rho \approx B\sin(\theta - \alpha) \equiv B_{\|} \tag{5.34}$$

上式で定義される $B_{\|}$ は，B_{para} と表記されることもあり，基線の**視線方向**（line of sight, LOS）成分である．したがって，

$$\phi_{\mathrm{orb}} = \frac{4\pi}{\lambda} B_{\|} \tag{5.35}$$

である．ϕ_{orb} による干渉縞を「軌道縞」とよぶ．

実際の地表には起伏があるため，オフナディア角は $\theta + \delta\theta$ になっている．したがって，

$$\begin{aligned}
\phi_{\mathrm{top}} &= \frac{4\pi B}{\lambda}\left[\sin(\theta + \delta\theta - \alpha) - \sin(\theta - \alpha)\right] \\
&\approx \frac{4\pi B \delta\theta}{\lambda}\cos(\theta - \alpha) \\
&= \frac{4\pi B_{\perp} h \sin i}{\rho\lambda}
\end{aligned} \tag{5.36}$$

である．ここで，h は各ピクセルの楕円体高，i は入射角，$B_{\perp} = B\cos(\theta - \alpha)$

であり，B_{perp} と表記されることもある．ϕ_{top} による干渉縞を「地形縞」とよぶ．ϕ_{orb}，ϕ_{top} は，正確な衛星軌道と**地形データ**（digital elevation map, DEM）を用いることにより，十分な精度でとりのぞくことができ，これらの補正を施してもなお残っている位相変化が地殻変動による位相変化 ϕ_{def} となる．

$$\phi_{\text{def}} = \frac{4\pi \Delta \rho}{\lambda} \tag{5.37}$$

ここで，$\Delta \rho$ は地殻変動による LOS 方向の変位である．

5.2.4 誤差要因

干渉 SAR を用いた地殻変動検出における誤差要因，すなわち (5.30) 式の ε の主要なものは，GPS 測位の場合と同様に大気中の水蒸気による電波伝搬遅延である．1 枚の SLC 画像を得る際に，地表の 1 ピクセルがマイクロ波の照射を受ける時間は (5.27) 式の T_a であり，1 秒程度のわずかな時間なのでほとんど瞬間的な大気中の水蒸気分布状態の影響を受ける．

この影響を低減するため，大気伝搬遅延分布がランダムであると仮定して，複数枚の干渉画像を**スタッキング**（stacking）して，地殻変動成分のみを抽出することが多いが，地殻変動成分についても平均化されるため，小さなシグナルが見えなくなったり，時間分解能の低下を招くといった欠点がある．一方で数値気象モデルを用いて直接的に伝搬遅延を補正する試みも行われている（たとえば，島田，1999）．

5.3 海底地殻変動

東北日本沖の日本海溝では，太平洋プレートが陸側プレートの下に沈み込み，大きな被害をもたらすプレート境界型大地震が頻発する場所として知られている．したがって，このような沈み込み帯において地震をひき起こすメカニズムを理解することは重要である．近年，陸上 GPS 連続観測に基づく地殻変動観測により，プレート境界面上には非地震時に固着している部分と安定に滑っている部分があることが明らかにされた（たとえば，Suwa et al., 2006）．しかし多くの場合，プレート境界型大地震の震源域は陸から離れた海域に存在しており，陸上の地殻変動観測データだけでは固着域の分布を精確に推定することは

5.3 海底地殻変動

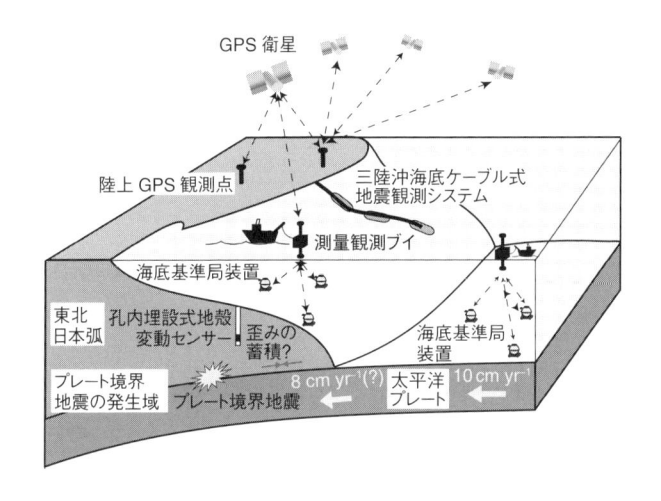

図 5.7 GPS 音響結合海底精密測位システムの概念図

難しい．地震発生域直上における地殻変動観測が必要とされる所以である．一方，海中では電波が急激に減衰するために深海底における GPS 観測は不可能である．

この問題を解決するために，海上のキネマティック GPS（以後，KGPS と略記）測位と海上-海底間の音響測距を結合した **GPS 音響結合海底精密測位法**（GPS/acoustic seafloor precise positioning，以後，GPS/A と略記）の観測が進められている．この測位法には大別して以下の2つの方式がある．カリフォルニア大学のスクリプス海洋研究所や東北大学では，海底局の真上付近で観測を続ける方式を採用しており（Spiess et al., 1985），海上保安庁海洋情報部や名古屋大学では，海底局の周りを航走しながら観測を行う方式を採用している（Fujita et al., 2006）．両者の特徴は後述する．

5.3.1 GPS 音響結合海底精密測位システム

A 観測システムの概要

GPS/A 観測は，図 5.7 の概念図に示すように，海上での KGPS 測位と海中での精密音響測距を結合して行う．KGPS 測位は，陸上基準局と海上の船またはブイ（海上局）において同時に GPS 測位を行うことにより，海上で揺れ動

く GPS アンテナの位置を 0.1〜1 秒ごとに約 1 cm の精度で測る．あらかじめ音響送受波器と GPS アンテナの相対位置を測定しておくことにより，3 台以上の GPS アンテナの位置から，海上局に取り付けた音響送受波器の位置を求めることができる．海中での音響測距は，その音響送受波器と海底に設置した音響トランスポンダー（海底局）との間を音波が往復する時間を精密に測定し，距離を求める．高精度を実現するには海中の音速分布の情報が必要であり，それを推定するため海洋物理観測により初期値を求める．通常は 1 つの観測サイトに 3 台以上の海底局を設置し，それらに対しほぼ同時に海上局との測距を行い，海底局アレイの重心位置を求めることにより，音速の時間変化の影響を推定し，補正している．

❻ 音響測距システム

海中精密音響測距は，海上局と海底局の間を音波が往復する時間を計測する．海中の音速は $1,500\,\mathrm{m\,s^{-1}}$ 前後であるので，$4\,\mu\mathrm{s}$（距離換算で約 3 mm）程度の分解能で往復走時を計測する必要がある．そこで，合成開口レーダーなどに用いられているパルス圧縮技術（5.2.1 項）を応用し，位相変調方式により符号化した音響信号を用いた相関処理を行っている．

海底局では，ある閾値以上の振幅の音波を受け取ると，それから決められた時間（東北大学の方式では数十 ms）の音波を記録し，精密な遅延時間後にその記録された音波を返送する方式をとっている．ミラートランスポンダーとよばれるこの手法の概要を図 5.8 に示す．信号の振幅の変動により信号検出のタイミングは少し変動するが，信号の最初の 1 波を除けば，信号の残りの部分はいつもまったく同じ遅延時間で送り返されるという点が重要である．この手法により，海底局では時刻同期の必要がなく，相関処理などの複雑な計算も不要であり，省電力化できる．海底局は複数あるので，符号化した信号の前後に，周波数の違いなどで海底局を識別する信号を付加して返送する．

❼ 海底局

海底局の役割は，上述の方式により正確な遅延時間で音響信号を送り返すことであり，音響送受波器，耐圧容器内に収納された音響信号の処理装置と送受信機，長寿命のリチウム電池から構成されている．海底局は，通常観測点の水深と同程度の半径の円周上におおむね均等に 3〜4 台設置される．比較的平坦な海底を選び，海底局を海面から投下し，海中を自由落下させて設置する．沈

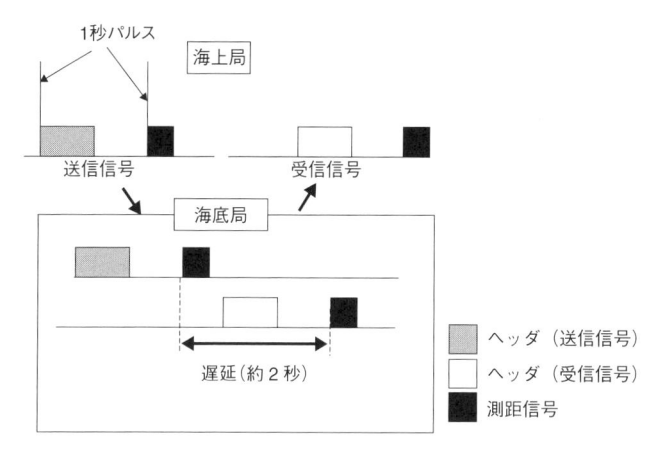

図 5.8　海中精密音響測距の概要

み込み帯の海底は厚い堆積層に覆われており，海底局は通常 10 cm 前後底部が沈み込んだ状態で設置される．2004（平成 16）年の紀伊半島南東沖地震では，10 台以上の海底局が強い地震動を受けたと考えられるが，その後無人探査機により目視観察したところ，設置状態に強震動の影響は認められず，平坦な堆積層の上に設置された海底局の姿勢は長期にわたって安定していることが確認された（Fujimoto et al., 2011）．

D 海上局

海上局の役割は，海上の KGPS 測位と海中の音響測位それぞれから音響送受波器の位置を求め，2 種類の測位結果を結合することである．KGPS 測位のために，3 台以上の GPS アンテナおよび受信機と高精度のルビジウム周波数標準器，海上局の姿勢角を計測するジャイロ，GPS とジャイロのデータを収録する PC などを収納している．音響送受波器からの音波は GPS の正秒信号と同期して送信されるが，海底局からの信号を受信する時刻は GPS の正秒とはならないため，5 Hz 以上の KGPS 測位あるいはジャイロ（計測は普通 25〜50 Hz）により求めた姿勢角データを用いて補間し，音響信号受信時における海上局の姿勢角を求め，そのときの音響送受波器の位置を求めている．

音響測距のためには，音響送受波器のほかに，音響信号の送受信機，音響信号の相関処理を行う装置，それらのデータを収録する PC が用いられる．すべ

ての装置は，GPS 時刻に同期されている．

5.3.2　GPS/A 観測とデータ解析

❹ 音速プロファイルの観測

海水の音速は，およそ $1,500 \mathrm{~m\,s^{-1}}$ であり，温度，圧力，塩分の増加とともに増加する．後述の測位解析の基礎となる音速の鉛直プロファイルを求めるために，通常，GPS/A 観測の前後に CTD (conductivity temperature depth profiler) の上げ下ろし観測を行う．観測中はセンサー投げ捨て式の XCTD (expendable CTD)，あるいは XBT (expendable bathythermograph) 観測を定期的に行い，測位解析によって求められる音速の時間変化を検証するデータとする．

❸ KGPS 解析

KGPS の測位は，これまで 1 秒間隔で行われる場合が多かったが，最近はそれ以下のサンプリング間隔の観測も多くなった．KGPS 解析ソフトウェアは何種類かあるが，たとえば，NASA のジェット推進研究所 (Jet Propulsion Laboratory, JPL) で開発された GIPSY-OASIS/II というソフトウェア (Lichten and Border, 1987) の場合には，JPL がグローバル解析に基づいて公表している衛星の精密暦や時計誤差，地球回転パラメータなどを既知量として，後処理解析により測位を行う．

❻ GPS/A 測位解析

海底精密測位解析の概要を述べる．海底局間の相対位置には変化がないと考えてよいので，海底局アレイの重心の位置決めを行うこととする．3 台の海底局を用いる場合，1 回の音響測距について観測量は 3 であり，決定できる未知数も 3 であるから，原理的には海底局アレイの緯度・経度と海底・海面間の平均音速を求めることができる．海中の音速構造は時空間変化を示すが，平均的にはほぼ水平成層構造をなしているので，これまでは，海底・海面間の平均音速に水平勾配がないと仮定して解析している．水平勾配があれば測位誤差を生ずるので，現在，その点が第一の課題となっている．海中音速の水平勾配がなければ，海底局アレイの中心付近で各海底局と 1 回の音響測距を行えば海底の精密測位ができる．しかし実際には，海中の音速構造が水平成層構造とみなせる程度に観測を継続して，その平均値を求める必要がある．沈み込み帯の陸側斜面では，海洋潮汐に伴う海水の運動があり，場所により程度の差はあるが，音

速構造は日周変化を示す．したがって，GPS/A 観測は 12 時間程度は継続することを目安としている．観測を継続して得られる海水層の平均音速の時間変化は，XCTD などで実測される平均音速の時間変化とよく合うことがわかっている（Kido et al., 2008）．

上記の測位解析は，基本的には，目標点の上に位置を保持して観測する場合（Spiess et al., 1985）である．この手法の利点は，海中の音速変化がとくに大きい表層 200〜300 m を通過する音波の波線が，狭い範囲に収まり，音速変化の影響が小さいことである．この手法はほぼ定点観測なので，観測点付近における海底・海面間の平均音速の時間変化を求めるとともに，測位結果の変動から平均音速の水平勾配の影響を推定できる．

目標点の周囲を航走しながら観測する方法は，当初，観測に用いる船の位置を保持できないという制約からやむをえないものであった．この方法では音速の時間変化の影響とともに空間変化の影響も加わるが，これらを合わせた影響を時間変化の影響とみなして補正する（たとえば，Fujita et al., 2006）．実際に観測してみると意外に短時間でよい結果が得られることがわかった．その理由はよくわかっていないが，海底局アレイの周辺で音響測距を行うことにより，音速の水平勾配の影響も合わせて補正されているためではないかと考えられる．

これまでの GPS/A 観測は，年に 1〜3 回のキャンペーン観測であり，陸上の地殻変動観測でいえば三辺測量に相当し，現在の GPS 観測網によるリアルタイム連続観測とは大きな違いがある．係留ブイによる連続観測を目指すとともに，海底局の数を増やすなどして海中音速の水平勾配を補正し，短い観測時間で高精度の測位結果を得る試みが進められている（たとえば，Kido, 2007）．

ⓓ 測位精度と観測の成果

現在 GPS/A 測位における精度は，1 日程度の観測で，条件の良い場合で 2〜3 cm，悪い場合で 5〜10 cm 程度と推定されており（藤田，2009），固体地球物理学上重要な成果も出ている．たとえば，2004（平成 16）年 9 月の紀伊半島南東沖地震（M7.5）に伴う地殻変動を初めて海底測地観測で捉えている（Kido et al., 2006; Tadokoro et al., 2006）．海溝軸近くでもプレート境界の固着が強いというペルー沖の観測結果（Gagnon et al., 2005）は，海溝軸付近のプレート境界が大きくすべったとされる 2011 年の東北沖地震の後で再度注目を浴びている．宮城県沖では海上保安庁が観測を継続しており，海底局アレイ観測による変位

第 5 章 地殻変動観測

速度の精度は $1\,\mathrm{cm\,yr^{-1}}$ 以上が達成されている．2005（平成17）年宮城県沖地震（M7.2）以前のプレート間カップリングによる定常的変動，地震時の地殻変動，余効地殻変動，そしてその後のプレート間カップリングの再現という地震発生サイクルの一部が，震源域直上における海底地殻変動観測により明らかにされており（Sato et al., 2011a），2011年の東北沖地震に伴う25mに及ぶ地殻変動も捉えられている（Sato et al., 2011b）．

● 参考文献

[1] Fujimoto, H., Kido, M., et al.（2011）Long-term stability of acoustic benchmarks deployed on thick sediment for GPS/Acoustic seafloor positioning, In: Modern Approaches in Solid Earth Sciences, Vol. 8, pp.263-272, Springer.
[2] 藤田雅之（2009）海底地殻変動観測のための精密海底測位手法の確立などの海洋測地学への貢献，測地学会誌, **55**, 1–16.
[3] Fujita, M., Ishikawa, T., et al.（2006）GPS/Acoustic seafloor geodetic observation: method of data analysis and its application, *Earth, Planet. Space*, **58**, 265-275.
[4] 古屋正人（2006）地殻変動観測の新潮流 InSAR, 測地学会誌, **52**, 225-243.
[5] Gagnon, K., Chadwell, C. D. and Norabuena, E.（2005）Measuring the onset of locking in the Peru-Chile trench with GPS and acoustic measuring, *Nature*, **434**, 205-208.
[6] 飯坂譲二 監（1998）『合成開口レーダー画像ハンドブック』，朝倉書店．208p.
[7] Kido, M., Fujimoto, H., et al.（2006）Seafloor displacement at Kumano-nada caused by the 2004 off Kii Peninsula earthquake, detected through repeated GPS/Acoustic surveys, *Earth Planets Space*, **58**, 911-915.
[8] Kido, M.（2007）Detecting horizontal gradient of sound speed in ocean, *Earth Planet. Space*, **59**, e33-e36.
[9] Kido, M., Osada, Y., and Fujimoto, H.（2008）Temporal variation of sound speed in ocean: A comparison between GPS/acoustic and in situ measurements, *Earth Planet. Space*, **60**, 229-234.
[10] Larson, K., Bodin, P., and Gomberg, J.（2003）Using 1-Hz GPS data to measure deformations caused by the denali fault earthquake, *Science*, **300**, 1421-1424.
[11] Lichten, S. and Border, J.（1987）Strategies for high-precision global positioning system orbit determination, *J. Geophys. Res.*, **92**, 12751-12762.
[12] Massonnet, D., Rossi, M., et al.（1993）The displacement field of the Landers earthquake mapped by radar interferometry, *Nature*, **364**, 138-142.

[13] 三浦 哲・浅田 昭（2004）海洋測位技術, 海洋調査技術, **16**, 29-45.

[14] 日本測地学会 編（1974）『測地学の概観』, 日本測地学会. 511p.

[15] 日本測量協会 編（1988）『測地測量 (1)』現代測量学第 4 巻, 日本測量協会. 470p.

[16] Ohta, Y., Meilano, I., et al.（2006）Large surface wave of the 2004 Sumatra-Andaman earthquake captured by the very long baseline kinematic analysis of 1-Hz GPS data, *Earth Planets and Space*, **58**, 153-157.

[17] Ohta, Y., Kobayashi, T., et al.（2012）Quasi real-time fault model estimation for near-field tsunami forecasting based on RTK-GPS analysis: Application to the 2011 Tohoku-Oki Earthquake (Mw 9.0), *J. Geophys. Res.*, **117**, doi:10.1029/2011JB008750.

[18] 小澤 拓（2006）衛星合成開口レーダ干渉法による地震・火山活動に伴う地殻変動の検出, 測地学会誌, **52**, 225-243.

[19] Sato, M., Saito, H., et al.（2011a）Restoration of interplate locking after the 2005 Off-Miyagi Prefecture earthquake, detected by GPS/acoustic seafloor geodetic observation, *Geophys. Res. Lett.*, **38**, L01312, doi:10.1029/2010GL045689.

[20] Sato, M., Ishikawa, T., et al.（2011b）, Displacement above the hypocenter of the 2011 Tohoku-Oki earthquake. *Science*, 10.1126/science.1207401.

[21] 島田政信（1999）SAR 干渉処理における軌道誤差と大気位相遅延の補正方法–地殻変動検出への応用–. 測地学会誌, **45**, 327-346.

[22] Spiess, F. N.（1985）Analysis of a possible sea floor strain measurement system, *Mar. Geod.*, **9**, 385-398.

[23] Suwa, Y., Miura, S., et al.（2006）Interplate coupling beneath NE Japan inferred from three dimensional displacement field, *J. Geophys. Res.*, **111**, doi:101029/2004JB003203.

[24] Tadokoro, K., Ando, M., et al.（2006）Observation of coseismic seafloor crustal deformation due to M7 class offshore earthquakes, *Geophys. Res. Lett.*, **33**, L23306, doi:10.1029/2006GL026742.

[25] 飛田幹男・藤原 智ほか（1999）干渉 SAR のための高精度画像マッチング, 測地学会誌, **45**, 297-314.

[26] 土屋 淳・辻 宏道（2002）『新・GPS 測量の基礎』, 日本測量協会. 269p.

[27] Tsushima, H., Hino, R., et al.（2009）Near-field tsunami forecasting from cabled ocean bottom pressure data, *J. Geophys. Res.*, **114**, B06309, doi:10.1029/2008JB005988.

[28] Zumberge, J. F., Heflin, M. B., et al.（1997）Precise Point Positioning for the efficient and robust analysis of GPS data from large networks, *J. Geophys. Res.*, **102**, 5005-5017.

第6章 静的変位場の理論

　地震は，岩盤に蓄積された応力が，その強度を上回ったときに起こる破壊現象である．このときの応力の急激な解放によって弾性波動が発生し，地震動となって周囲に伝搬していく．破壊現象の痕跡である地震断層では，それを境界として両側の岩盤で食い違いが永久変位となって生じ，周囲の岩盤にも永久変形として残ることになる．これが，前章で述べた種々の方法によって地殻変動として観測されるわけである．

　火山活動に伴う地殻変動については，地下のマグマだまりやダイク（火山性の流体で満たされた割れ目）の圧力の増減が原因と考えられている．マグマだまりの圧力変化については球状の圧力源を，ダイクの圧力変化については開口型断層を用いてモデル化できる．なお，球状圧力源については直交する3枚の開口型点震源断層の重ね合わせと等価である．

6.1　均質半無限弾性体の変形

　前章で述べたように，地殻変動の観測技術は近年急速に進歩しており，得られるデータも高精度化が進んでいる．このため，地下構造の不均質性や球殻構造を考慮したモデリングも行われている．しかし，均質半無限媒質を仮定した地殻変動の理論計算は，データ解析の第一歩として重要であり，モデリングの基礎をなすものである．

　本節では，均質半無限弾性体における断層運動に伴う地殻変動の定式化を行う．

6.1 均質半無限弾性体の変形

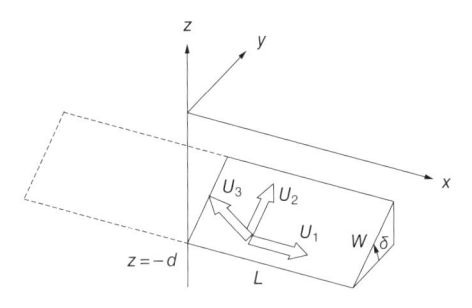

図 6.1 断層モデルと座標系

6.1.1 点源の場合

地下で起こる断層運動により観測される地殻変動の理論については，1950 年代以降，食い違いの弾性論に基づいた多くの研究により議論されてきた．Steketee (1958) は，均質等方弾性体中の断層 Σ 上の点 (ξ_1, ξ_2, ξ_3) における食い違い Δu_j による点 (x_1, x_2, x_3) での変位が次式で表されることを示した．

$$u_i = \frac{1}{F} \int\int_{\Sigma} \Delta u_j \left[\lambda \delta_{jk} \frac{\partial u_i^n}{\partial \xi_n} + \mu \left(\frac{\partial u_i^j}{\partial \xi_k} + \frac{\partial u_i^k}{\partial \xi_j} \right) \right] \nu_k \, d\Sigma \tag{6.1}$$

ここで，δ_{jk} はクロネッカー（Kronecker）のデルタ，λ, μ はラメ（Lamé）の定数，ν_k は面積要素 $d\Sigma$ の法線と x_k 軸の方向余弦である．

Okada (1985) は，上式に基づいて半無限弾性体中の断層上のせん断すべりと開口に伴う地表の変位，歪，傾斜を統一的に定式化している．

図 6.1 のように，$z \leq 0$ を占める半無限弾性体において座標系を定義する．x 軸は断層の走向方向と平行に，y 軸は走向方向と垂直にとる．U_1, U_2, U_3 は，任意の断層運動の，それぞれ横ずれ，縦ずれ，開口の各成分に対応している．図 6.1 のベクトルは，上盤側の変位であることに注意する．この場合，(6.1) 式の u_i^j は次式で表される．$(i, j) = (1, 1), (1, 2), (2, 1), (2, 2)$ のとき

$$u_i^j = \frac{F}{4\pi\mu} \left\{ \frac{\delta_{ij}}{R} + \frac{(x_i - \xi_i)(x_j - \xi_j)}{R^3} + \Lambda \left[\frac{\delta_{ij}}{R - \xi_3} - \frac{(x_i - \xi_i)(x_j - \xi_j)}{R(R - \xi_3)^2} \right] \right\} \tag{6.2}$$

$(i, j) = (1, 3), (2, 3), (3, 1), (3, 2)$ のとき

$$u_i^j = \frac{F}{4\pi\mu}(x_j - \xi_j) \left[-\frac{\xi_3}{R^3} - \mathrm{sgn}\,(i-j) \frac{\Lambda}{R(R - \xi_3)} \right] \tag{6.3}$$

第 6 章 静的変位場の理論

$(i, j) = (3, 3)$ のとき

$$u_3^3 = \frac{F}{4\pi\mu}\left(\frac{1+\Lambda}{R} + \frac{\xi_3^2}{R^3}\right) \tag{6.4}$$

ここで $R^2 = (x_1 - \xi_1)^2 + (x_2 - \xi_2)^2 + \xi_3^2$, $\Lambda = \mu/(\lambda + \mu)$ である．また，sgn x は符合関数であり，sgn $x = 1\ (x > 0); 0\ (x = 0); -1\ (x < 0)$ である．

(6.1) 式を用いると，面積 $\Delta\Sigma$ の横ずれ型，縦ずれ型，開口型の各断層運動による変位は，次式のようになる．

横ずれ型：

$$u_i^{\text{str}} = \frac{1}{F}\mu U_1 \Delta\Sigma \left[-\left(\frac{\partial u_i^1}{\partial \xi_2} + \frac{\partial u_i^2}{\partial \xi_1}\right)\sin\delta + \left(\frac{\partial u_i^1}{\partial \xi_3} + \frac{\partial u_i^3}{\partial \xi_1}\right)\cos\delta\right] \tag{6.5}$$

縦ずれ型：

$$u_i^{\text{dip}} = \frac{1}{F}\mu U_2 \Delta\Sigma \left[\left(\frac{\partial u_i^2}{\partial \xi_3} + \frac{\partial u_i^3}{\partial \xi_2}\right)\cos 2\delta + \left(\frac{\partial u_i^3}{\partial \xi_3} - \frac{\partial u_i^2}{\partial \xi_2}\right)\sin 2\delta\right] \tag{6.6}$$

開口型：

$$u_i^{\text{opn}} = \frac{1}{F}\mu U_3 \Delta\Sigma \left[\lambda\frac{\partial u_i^n}{\partial \xi_n} + 2\mu\left(\frac{\partial u_i^2}{\partial \xi_2}\sin^2\delta + \frac{\partial u_i^3}{\partial \xi_3}\cos^2\delta\right)\right.\\ \left.-\mu\left(\frac{\partial u_i^2}{\partial \xi_3} + \frac{\partial u_i^3}{\partial \xi_2}\right)\sin 2\delta\right] \tag{6.7}$$

式 (6.2), (6.3), (6.4) を式 (6.5), (6.6), (6.7) に代入し，$\xi_1 = \xi_2 = 0, \xi_3 = -d$ とおくと，$(0, 0, -d)$ に位置する点震源による地表変位が得られる．すなわち，

横ずれ型：

$$u_i^{\text{P}} = -\frac{U_1}{2\pi}\left(\frac{3x_1 x_i q}{R^5} + I_i^{\text{P}}\sin\delta\right)\Delta\Sigma \quad (i = 1, 2)$$
$$u_3^{\text{P}} = -\frac{U_1}{2\pi}\left(\frac{3x_1 dq}{R^5} + I_4^{\text{P}}\sin\delta\right)\Delta\Sigma \tag{6.8}$$

縦ずれ型：

$$u_i^{\text{P}} = -\frac{U_2}{2\pi}\left(\frac{3x_i pq}{R^5} - I_{5-2i}^{\text{P}}\sin\delta\cos\delta\right)\Delta\Sigma \quad (i = 1, 2)$$
$$u_3^{\text{P}} = -\frac{U_2}{2\pi}\left(\frac{3dpq}{R^5} - I_5^{\text{P}}\sin\delta\cos\delta\right)\Delta\Sigma \tag{6.9}$$

開口型：

$$u_i^{\text{P}} = \frac{U_3}{2\pi}\left(\frac{3x_i q^2}{R^5} - I_{5-2i}^{\text{P}}\sin^2\delta\right)\Delta\Sigma \quad (i = 1, 2)$$

$$u_3^{\mathrm{P}} = \frac{U_3}{2\pi}\left(\frac{3dq^2}{R^5} - I_5^{\mathrm{P}}\sin^2\delta\right)\Delta\Sigma \tag{6.10}$$

ここで,

$$I_1^{\mathrm{P}} = \Lambda x_2\left[\frac{1}{R(R+d)^2} - x_1^2\frac{3R+d}{R^3(R+d)^3}\right]$$

$$I_2^{\mathrm{P}} = \Lambda x_1\left[\frac{1}{R(R+d)^2} - x_2^2\frac{3R+d}{R^3(R+d)^3}\right]$$

$$I_3^{\mathrm{P}} = \Lambda\left(\frac{x_1}{R^3}\right) - I_2^p$$

$$I_4^{\mathrm{P}} = \Lambda\left[-x_1 x_2\frac{2R+d}{R^3(R+d)^2}\right]$$

$$I_5^{\mathrm{P}} = \Lambda\left[\frac{1}{R(R+d)} - x_1^2\frac{2R+d}{R^3(R+d)^2}\right]$$

$$p = x_2\cos\delta + d\sin\delta$$

$$q = x_2\sin\delta - d\cos\delta$$

$$R^2 = x_1^2 + x_2^2 + d^2 = x_1^2 + p^2 + q^2 \tag{6.11}$$

である.

6.1.2　有限矩形断層の場合

　実際の地震断層は,規模が大きくなるほどサイズも大きくなる.たとえばマグニチュード(M)7 クラスの地震の場合には数十 km 程度であり,M9.2 の 2004 年スマトラ島沖地震では,1,000 km を超える長さの断層が食い違いを起こしたと考えられている.震源断層が観測点から遠く離れていて,震源距離に対して断層の大きさが無視できるような場合には前節の点震源で近似できるが,そのような近似が成り立たない場合には,断層の大きさを考慮したモデル化が必要となる.

　Okada (1985) は,ある大きさをもつ長方形の断層(有限矩形断層)についても定式化を行っている.図 6.1 で示したように,断層の長さを L,幅を W とすると,前節の定式化において,$(x_1, x_2, x_3) \to (x, y, z)$,$x \to x - \xi'$,$y \to y - \eta'\cos\delta$,$d \to d - \eta'\sin\delta$ の置き換えを行い,次式の積分を行うことで有限矩形断層の場合の変位場を求めることができる.

$$\int_0^L d\xi' \int_0^W d\eta' \tag{6.12}$$

第 6 章 静的変位場の理論

さらに，Sato and Matsu'ura (1974) によれば，$x - \xi' = \xi, p - \eta' = \eta$ ($p = y\cos\delta + d\sin\delta$) の変数変換により計算が簡略化ができ，このとき，(6.12) 式の積分は，

$$\int_x^{x-L} d\xi \int_p^{p-W} d\eta \tag{6.13}$$

となる．実際に積分を実行すると，横ずれ型，縦ずれ型，開口型の有限矩形断層による変位は以下のようになる．

横ずれ型：

$$\begin{aligned}
u_x^{\mathrm{F}} &= -\frac{U_1}{2\pi}\left[\frac{\xi q}{R(R+\eta)} + \tan^{-1}\frac{\xi\eta}{qR} + I_1^{\mathrm{F}}\sin\delta\right]\bigg\| \\
u_y^{\mathrm{F}} &= -\frac{U_1}{2\pi}\left[\frac{\tilde{y}q}{R(R+\eta)} + \frac{q\cos\delta}{R+\eta} + I_2^{\mathrm{F}}\sin\delta\right]\bigg\| \\
u_z^{\mathrm{F}} &= -\frac{U_1}{2\pi}\left[\frac{\tilde{d}q}{R(R+\eta)} + \frac{q\sin\delta}{R+\eta} + I_4^{\mathrm{F}}\sin\delta\right]\bigg\|
\end{aligned} \tag{6.14}$$

縦ずれ型：

$$\begin{aligned}
u_x^{\mathrm{F}} &= -\frac{U_2}{2\pi}\left(\frac{q}{R} - I_3^{\mathrm{F}}\sin\delta\cos\delta\right)\bigg\| \\
u_y^{\mathrm{F}} &= -\frac{U_2}{2\pi}\left[\frac{\tilde{y}q}{R(R+\xi)} + \cos\delta\tan^{-1}\frac{\xi\eta}{qR} - I_1^{\mathrm{F}}\sin\delta\cos\delta\right]\bigg\| \\
u_z^{\mathrm{F}} &= -\frac{U_2}{2\pi}\left[\frac{\tilde{d}q}{R(R+\xi)} + \sin\delta\tan^{-1}\frac{\xi\eta}{qR} - I_5^{\mathrm{F}}\sin\delta\cos\delta\right]\bigg\|
\end{aligned} \tag{6.15}$$

開口型：

$$\begin{aligned}
u_x^{\mathrm{F}} &= \frac{U_3}{2\pi}\left[\frac{q^2}{R(R+\eta)} - I_3^{\mathrm{F}}\sin^2\delta\right]\bigg\| \\
u_y^{\mathrm{F}} &= \frac{U_3}{2\pi}\left\{\frac{-\tilde{d}q}{R(R+\xi)} - \sin\delta\left[\frac{\xi q}{R(R+\eta)} - \tan^{-1}\frac{\xi\eta}{qR}\right] - I_1^{\mathrm{F}}\sin^2\delta\right\}\bigg\| \\
u_z^{\mathrm{F}} &= \frac{U_3}{2\pi}\left\{\frac{\tilde{y}q}{R(R+\xi)} + \cos\delta\left[\frac{\xi q}{R(R+\eta)} - \tan^{-1}\frac{\xi\eta}{qR}\right] - I_5^{\mathrm{F}}\sin^2\delta\right\}\bigg\|
\end{aligned} \tag{6.16}$$

ここで，$\|$ は以下の演算を意味する．

$$f(\xi,\eta)\| = f(x,p) - f(x,p-W) - f(x-L,p) + f(x-L,p-W) \tag{6.17}$$

また，

$$I_1^{\mathrm{F}} = \Lambda\left(\frac{-1}{\cos\delta}\frac{\xi}{R+\tilde{d}}\right) - \frac{\sin\delta}{\cos\delta}I_5^{\mathrm{F}}$$

$$I_2^{\mathrm{F}} = \Lambda\left[-\ln(R+\eta)\right] - I_3^{\mathrm{F}}$$

$$I_3^{\mathrm{F}} = \Lambda\left[\frac{1}{\cos\delta}\frac{\tilde{y}}{R+\tilde{d}} - \ln(R+\eta)\right] + \frac{\sin\delta}{\cos\delta}I_4^{\mathrm{F}}$$

$$I_4^{\mathrm{F}} = \Lambda\frac{1}{\cos\delta}\left[\ln(R+\tilde{d}) - \sin\delta\ln(R+\eta)\right]$$

$$I_5^{\mathrm{F}} = \Lambda\frac{2}{\cos\delta}\tan^{-1}\frac{\eta(X+q\cos\delta)+X(R+X)\sin\delta}{\xi(R+X)\cos\delta} \tag{6.18}$$

$\cos\delta = 0$ の場合には,

$$I_1^{\mathrm{F}} = -\frac{\Lambda}{2}\frac{\xi q}{(R+\tilde{d})^2}$$

$$I_3^{\mathrm{F}} = \frac{\Lambda}{2}\left[\frac{\eta}{R+\tilde{d}} + \frac{\tilde{y}q}{(R+\tilde{d})^2} - \ln(R+\eta)\right]$$

$$I_4^{\mathrm{F}} = -\Lambda\frac{q}{R+\tilde{d}}$$

$$I_5^{\mathrm{F}} = -\Lambda\frac{\xi\sin\delta}{R+\tilde{d}} \tag{6.19}$$

である. また,

$$p = y\cos\delta + d\sin\delta$$
$$q = y\sin\delta - d\cos\delta$$
$$\tilde{y} = \eta\cos\delta + q\sin\delta$$
$$\tilde{d} = \eta\sin\delta - q\cos\delta$$
$$R^2 = \xi^2 + \tilde{y}^2 + \tilde{d}^2 = \xi^2 + \eta^2 + q^2$$
$$X^2 = \xi^2 + q^2 \tag{6.20}$$

である.

歪や傾斜成分については,式 (6.8)〜(6.10),または,式 (6.14)〜(6.16) を微分することにより計算できる.

6.2　半無限成層構造媒質における変形

プレート境界型大地震の発生サイクルを研究するためには,大地震発生直後

から次の大地震に至る期間の地殻変動を調べる必要がある．こういった大地震の再来間隔は数十年以上であるため，アセノスフェアの粘弾性的性質の影響が無視できない．一方，最表層は巨視的にはおおむね弾性的性質をもつリソスフェアであるから，粘弾性的な層を含む成層構造媒質における地殻変動を評価する必要がある．粘弾性解は，弾性解に線形粘弾性の対応原理を適用することによって得られる．対応原理とは，弾性体の運動方程式に含まれる弾性定数を仮定した粘弾性モデルに対応する時間依存性をもつ係数に置き換えることで，粘弾性体の運動方程式が表現できるというものである．したがって，このような問題を議論するためには，成層構造をもつ弾性媒質における解析解を求めておく必要がある．また，表層に堆積層などがあってその影響が無視できないような場合も同様である．

Fukahata and Matsu'ura（2005）は，半無限成層構造媒質における静的変位場の定式化を行っている．j 番目の層内における静的変位場が満たすべきつりあいの式は，次のように書ける．

$$(\lambda_j + 2\mu_j)\nabla(\nabla \cdot \mathbf{u}_j) - \mu_j \nabla \times (\nabla \times \mathbf{u}_j) + \mathbf{X}_j = \mathbf{0} \tag{6.21}$$

ここで，添え字 j は j 番目の層における諸量であることを表しており，$\mathbf{u}_j$ は変位ベクトル，λ_j, μ_j はラメの定数である．$\mathbf{X}_j$ は物体力ベクトルであり，点震源のある第 m 層 $(j=m)$ のみで値をもち，それ以外では $\mathbf{0}$ である．(6.21) 式の一般解と特解を $\mathbf{u}_j^\mathrm{g}$, $\mathbf{u}_m^\mathrm{s}$ で定義すると，(6.21) 式の解は次式のように書ける．

$$\mathbf{u}_j = \mathbf{u}_j^\mathrm{g} + \delta_{jm}\mathbf{u}_m^\mathrm{s} \tag{6.22}$$

$\mathbf{u}_j^\mathrm{g}$, $\mathbf{u}_m^\mathrm{s}$ をポテンシャル関数を用いて表現し，応力テンソル成分を求めて，自由表面と各層の境界，および最下層の半無限層の深さ無限大における変位と応力の境界条件を満たすようなポテンシャル関数を求めることで，変位場を求めることができる．

Fukahata and Matsu'ura（2006）では，上記の計算手法を粘弾性媒質の場合にも拡張している．

6.3 球対称モデルにおける変形

前節までに述べた媒質モデルは，地表面を平面で近似したものであるが，研究対象としている地殻変動が数百 km 以上の範囲に及び，地球の曲率の影響が無視できなくなる場合には，地球を球対称モデル，すなわち，物性定数が半径のみに依存するような球状モデルを導入して計算が行われる．

6.3.1 球座標系における静的力学

球座標系における静的変位場 $\mathbf{u} = \mathbf{u}(r, \theta, \phi)$，および，地球内部の変形に伴う質量再配分による重力ポテンシャル場の変化分は，次式のように書ける．

$$\mathbf{u} = \sum_{n=0}^{\infty} \sum_{m=-n}^{n} \left[y_1^{\mathrm{S}} Y_n^m \mathbf{e}_r + r y_3^{\mathrm{S}} \nabla Y_n^m + r y_1^{\mathrm{T}} \nabla \times (Y_n^m \mathbf{e}_r) \right] \tag{6.23}$$

$$\Psi = \sum_{n=0}^{\infty} \sum_{m=-n}^{n} y_5^{\mathrm{S}} Y_n^m \tag{6.24}$$

ここで，$Y_n^m = Y_n^m(\theta, \phi)$ は球面調和関数であり，ルジャンドル（Legendre）の陪関数 $P_n^m(x)$ によって次式で定義される．

$$Y_n^m(\theta, \phi) = P_n^m(\cos \theta) \exp(im\phi) \qquad (-n \leq m \leq n) \tag{6.25}$$

$$P_n^{-|m|}(\cos \theta) = (-1)^m P_n^{|m|}(\cos \theta) \tag{6.26}$$

また，$y_i^{\mathrm{S,T}} = y_i^{\mathrm{S,T}}(r; n, m)$ は，動径関数とよばれ，上添字の S は動径方向の伸縮モードを表すスフェロイダル場，T は動径方向に直交する方向のねじれモードを表すトロイダル場を意味する．

動径方向に関係する応力成分は次式のように書ける．

$$\tau_{rr} = \sum_{n=0}^{\infty} \sum_{m=-n}^{n} y_2^{\mathrm{S}} Y_n^m \tag{6.27}$$

$$(\tau_{r\theta}, \tau_{r\phi}) = \sum_{n=0}^{\infty} \sum_{m=-n}^{n} \left[y_4^{\mathrm{S}} \left(\frac{\partial}{\partial \theta}, \frac{\partial}{\sin \theta \, \partial \phi} \right) Y_n^m + y_2^{\mathrm{T}} \left(\frac{\partial}{\sin \theta \, \partial \phi}, -\frac{\partial}{\partial \theta} \right) Y_n^m \right] \tag{6.28}$$

さらに，擾乱重力場に関係する量として次式を定義しておく．

第6章 静的変位場の理論

$$y_6^{\rm S} = \frac{dy_5^{\rm S}}{dr} - 4\pi G \rho y_1^{\rm S} + \frac{n+1}{r} y_5^{\rm S} \tag{6.29}$$

ここで，ρ, G は，それぞれ密度，万有引力定数である．

弾性体の平衡方程式，応力–歪関係，ポアソン（Poisson）の方程式を用いると，動径関数に関する以下の微分方程式系が導出される．

$$\frac{dy_i^{\rm S}}{dr} = \sum_{j=1}^{6} a_{ij}^{\rm S} y_j^{\rm S} \qquad (i=1,2,\cdots,6) \tag{6.30}$$

$$\frac{dy_i^{\rm T}}{dr} = \sum_{j=1}^{2} a_{ij}^{\rm T} y_j^{\rm T} \qquad (i=1,2) \tag{6.31}$$

ここで，$a_{ij}^{\rm S,T} = a_{ij}^{\rm S,T}(r;\rho,\lambda,\mu,n)$ は，物性定数と球面調和関数の次数 n のみで決まり，位数 m には依存しない．上式のようにスフェロイダル場とトロイダル場を特徴づける動径関数の微分方程式は完全に分離しており，互いに独立になっている．(6.30), (6.31) 式中の $a_{ij}^{\rm S,T}$ は，Takeuchi and Saito（1972）によって求められている．潮汐力や地球表面にかかる鉛直荷重による変形といった具体的な問題について，問題ごとに適当な境界条件を与えることにより，(6.30), (6.31) 式の解が得られる．

Ⓐ 潮汐境界条件

外力として n 次の潮汐ポテンシャル，

$$U_n = \left(\frac{r}{a}\right)^n Y_n^m(\theta,\phi) \tag{6.32}$$

による変形を生じさせる境界条件は，

$$y_2^{\rm Tide}(a) = y_4^{\rm Tide}(a) = 0, \ y_6^{\rm Tide}(a) = \frac{2n+1}{a} \tag{6.33}$$

と書ける．ただし，$r=a$ は地表面を表す．

変形によって生じる変位とポテンシャル変化を，外力ポテンシャル U_n に関係づける無次元数であるラブ（Love）数および志田数 (h_n, l_n, k_n) は，動径関数を用いて次式のように与えられる．

$$h_n = \frac{g_0 u_r(a,\theta,\phi)}{U_n(a,\theta,\phi)} = g_0 y_1^{\rm Tide}(a)$$

$$l_n = \frac{g_0 u_\theta(a,\theta,\phi)}{\partial U_n(a,\theta,\phi)/\partial \theta} = g_0 y_3^{\rm Tide}(a)$$

6.3 球対称モデルにおける変形

$$k_n = \frac{y_5(a)Y_n(\theta,\phi) - U_n(a,\theta,\phi)}{U_n(a,\theta,\phi)} = y_5^{\text{Tide}}(a) - 1 \tag{6.34}$$

Ⓑ 荷重境界条件

面密度が,

$$\sigma_n = \frac{(2n+1)Y_n^m(\theta,\phi)}{4\pi Ga} \tag{6.35}$$

で表される質量が地表面に分布したときの変形に対応する境界条件は,

$$y_2^{\text{Load}}(a) = -\frac{(2n+1)g_0}{4\pi Ga},\ y_4^{\text{Load}}(a) = 0,\ y_6^{\text{Load}}(a) = \frac{2n+1}{a} \tag{6.36}$$

と書ける.この質量分布によって生じる重力ポテンシャルは,

$$\begin{aligned}V_n &= \left(\frac{r}{a}\right)^n Y_n^m(\theta,\phi) \quad (r<a)\\ V_n &= \left(\frac{a}{r}\right)^{n+1} Y_n^m(\theta,\phi) \quad (r>a)\end{aligned} \tag{6.37}$$

となる.変形によって生じる変位とポテンシャル変化を外力ポテンシャル V_n に関係づける無次元数である荷重ラブ数および志田数 (h'_n, l'_n, k'_n) は,動径関数を用いて次式のように与えられる.

$$\begin{aligned}h'_n &= \frac{g_0 u_r(a,\theta,\phi)}{V_n(a,\theta,\phi)} = g_0 y_1^{\text{Load}}(a)\\ l'_n &= \frac{g_0 u_\theta(a,\theta,\phi)}{\partial V_n(a,\theta,\phi)/\partial\theta} = g_0 y_3^{\text{Load}}(a)\\ k'_n &= \frac{y_5(a)Y_n(\theta,\phi) - V_n(a,\theta,\phi)}{V_n(a,\theta,\phi)} = y_5^{\text{Load}}(a) - 1\end{aligned} \tag{6.38}$$

Ⓒ シアー境界条件

外力として地表面にスフェロイダルな水平せん断応力,

$$(\tau_{rr},\tau_{r\theta},\tau_{r\phi})_{r=a} = \frac{(2n+1)g_0}{4\pi Gan(n+1)}\left(0,\frac{\partial}{\partial\theta},\frac{\partial}{\sin\theta\partial\phi}\right)Y_n^m \tag{6.39}$$

が作用した場合の変形を生じさせる境界条件は,

$$y_2^{\text{Shear}}(a) = y_6^{\text{Shear}}(a) = 0,\ y_4^{\text{Shear}}(a) = \frac{(2n+1)g_0}{4\pi Gan(n+1)} \tag{6.40}$$

と書ける.

地表面における変形は,Saito (1978) によって定義されたシアーラブ数,志田数 (h''_n, l''_n, k''_n) を用いて次式で表現できる.

第 6 章 静的変位場の理論

$$u_r(a) = \frac{h_n''}{g_0} Y_n^m(\theta, \phi)$$

$$(u_\theta(a),\ u_\phi(a)) = \frac{l_n''}{g_0}(\tau_{r\theta},\ \tau_{r\phi})_{r=a}$$

$$\Psi(a) = k_n'' Y_n^m(\theta, \phi) \tag{6.41}$$

6.3.2 点荷重による変形（荷重グリーン関数）

$\sigma(\mathbf{r}) = \delta(\mathbf{r} - a\mathbf{e}_z)$ で定義される質量分布関数，すなわち点荷重に対する地球の弾性変形を考える．ここで，$\delta(\mathbf{r})$ はディラック（Dirac）のデルタ関数，$\mathbf{e}_z$ は地球中心から点荷重へ向かう単位ベクトルである．$\sigma(\mathbf{r})$ の球面調和展開は，ルジャンドル多項式 $P_n(x)$ を用いて

$$\delta(\mathbf{r} - a\mathbf{e}_z) = \sum \frac{2n+1}{4\pi a^2} P_n(\cos\theta) \tag{6.42}$$

であるから，(6.38) 式で定義される荷重ラブ数，志田数を用いて，変位場と重力場は，

$$V_n(r,\theta) = \frac{G}{a} \sum \left(\frac{a}{r}\right)^{n+1} P_n(\cos\theta) \quad (r > a)$$

$$u_r(a,\theta) = \sum \frac{h_n' V_n(a,\theta,\phi)}{g_0} = \frac{G}{g_0 a} \sum h_n' P_n(\cos\theta)$$

$$u_\theta(a,\theta) = \sum \frac{l_n'}{g_0} \frac{\partial V_n}{\partial \theta} = \frac{G}{g_0 a} \sum l_n' \frac{d}{d\theta} P_n(\cos\theta)$$

$$\Psi(r,\theta) = \sum (1 + k_n') V_n = \frac{G}{a} \sum (1 + k_n') \left(\frac{a}{r}\right)^{n+1} P_n(\cos\theta)$$

$$\Delta g(a + u_r, \theta) = \Delta g(a + \varepsilon, \theta) + u_r \frac{\partial g_0}{\partial r}$$

$$= \sum \left[-\left.\frac{dy_5^{\text{Load}}}{dr}\right|_{r=a} + 4\pi G \left(r y_1^{\text{Load}}(a) + \sigma_n\right) - 2\frac{g_0}{a} \frac{h_n'}{g_0} \frac{G}{a} \right]$$

$$\times P_n(\cos\theta)$$

$$= \frac{G}{a^2} \sum \left[(n+1)(1+k_n') - 2h_n'\right] P_n(\cos\theta)$$

$$= \frac{G}{a^2} \sum \left[\frac{1}{2} + (n+1)k_n' - 2h_n'\right] P_n(\cos\theta) + \frac{G}{2a^2} \delta(1 - \cos\theta) \tag{6.43}$$

Farrell (1972) は，点荷重から角距離 Θ 離れた点における，変位・歪・傾斜・重力変化などの応答，すなわちグリーン（Green）関数 $G(\Theta)$ を求めた．地表で

6.3 球対称モデルにおける変形

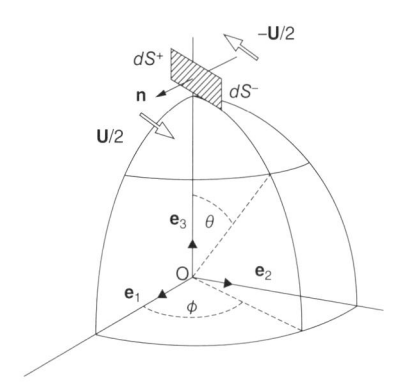

図 6.2 球対称地球内部の点震源のジオメトリーと座標系

の荷重分布が $\sigma(\theta,\phi)$ で与えられた場合，種々の物理量の応答 $F(\Theta)$ は次式で与えられる．

$$F(\theta,\phi) = \int_S G(\Theta)\sigma(\theta',\phi')\,dS'$$
$$= \int_0^\pi a^2 \sin\theta' d\theta' \int_0^{2\pi} G(\Theta)\sigma(\theta',\phi')\,d\phi'$$
$$\cos\Theta = \cos\theta\cos\theta' + \sin\theta\sin\theta'\cos(\phi-\phi') \tag{6.44}$$

Sato and Hanada（1984）は，上記の方法を用いて海洋潮汐荷重による変形を計算するためのプログラム GOTIC を開発している．このプログラムでは，海面の緯度・経度方向にグリッドを配置し，海洋潮汐によるメッシュごとの荷重変化と点荷重に対するグリーン関数を全海洋表面でたたみ込み積分することにより，観測点での変位や重力変化が計算できるようになっている．なお，グリッド間隔は，観測点に近いほど短くして精度向上を図っている．

Matsumoto et al.（2001）は GOTIC に改良を加え，TOPEX/POSEIDON による高精度の潮汐モデルを用いるとともに，新たに 10 の分潮成分を加えて合計 21 分潮に基づく海洋潮汐加重計算プログラム GOTIC2 を開発している．

6.3.3 点震源による変形

Okubo（1993）は，(6.30), (6.31) 式の 2 組の解の間に成り立つ相反関係に基づいてある深さ d にある力源により励起される地表における変動場と，地表に

第 6 章　静的変位場の理論

はたらく力源によって励起された深さ d における変動場との間の対応を見出し，地震発生に伴う変形場を外部励起源による変形と関係づけて定式化を行っている．法線ベクトルが $\mathbf{n} = (n_1, n_2, n_3)$ で表される微小面積 dS の点震源の食い違い変位ベクトルを $\mathbf{U} = (U_1, U_2, U_3)$ とすると，その大きさと方向余弦は次式で定義される．

$$U = |\mathbf{U}| \tag{6.45}$$

$$\boldsymbol{\nu} = \frac{\mathbf{U}}{U} \tag{6.46}$$

このとき，たとえば，地震時変動に伴うポテンシャル変化を与える動径関数 $y_5^{\mathrm{S}}(a;n,m)$ は，次式のように書くことができる．

$$\begin{aligned}
y_5^{\mathrm{S}}(a;n,0) =& \frac{G}{a}\bigg\{(n_2\nu_3 + n_3\nu_2)\left[M_s X^{\mathrm{Tide}}(r_s;n) + L_s y_2^{\mathrm{Tide}}(r_s;n)\right] \\
& + n_3\nu_3 y_2^{Tide}(r_s;n)\bigg\} U dS, \\
y_5^{\mathrm{S}}(a;n,\pm 1) =& \frac{G}{2a}[\pm(n_3\nu_1 + n_1\nu_3) - i(n_2\nu_3 + n_3\nu_2)]\times \\
& y_4^{\mathrm{Tide}}(r_s;n) U dS, \\
y_5^{\mathrm{S}}(a;n,\pm 2) =& \frac{G\mu_s}{2ar_s}[(n_1\nu_1 - n_2\nu_2) \mp i(n_1\nu_2 + n_2\nu_1)]\times \\
& y_3^{\mathrm{Tide}}(r_s;n) U dS, \\
y_5^{\mathrm{S}}(a;n,|m|>2) =& 0
\end{aligned} \tag{6.47}$$

ここで，r_s は震源位置における半径，

$$\begin{aligned}
X^{\mathrm{Tide}}(r;n) &= 2y_1^{\mathrm{Tide}}(r;n) - n(n+1)y_3^{\mathrm{Tide}}(r;n), \\
M_s &= \frac{(3\lambda_s + 2\mu_s)\mu_s}{(\lambda_s + 2\mu_s)r_s},\ L_s = \frac{\lambda_s}{\lambda_s + 2\mu_s}, \\
\lambda_s &= \lambda(r_s),\ \mu_s = \mu(r_s)
\end{aligned} \tag{6.48}$$

である．(6.47) 式を (6.24) 式に代入することにより，

$$\begin{aligned}
\Psi(a,\theta,\phi) = \frac{GUdS}{a}\bigg\{&\left[(n_1\nu_1 + n_2\nu_2)\sum_{n=2}^{\infty}\left(M_s X^{\mathrm{Tide}}(r_s;n) + L_s y_2^{\mathrm{Tide}}(r_s;n)\right)\right. \\
& \left. + n_3\nu_3\sum_{n=2}^{\infty} y_2^{\mathrm{Tide}}(r_s;n)\right] P_n^0(\cos\theta)
\end{aligned}$$

$$
\begin{aligned}
&+ [(n_3\nu_1 + n_1\nu_3)\cos\phi + (n_2\nu_3 + n_3\nu_2)\sin\phi] \\
&\quad \times \sum_{n=2}^{\infty} y_4^{\text{Tide}}(r_s;n) P_n^1(\cos\theta) \\
&+ \frac{\mu_s}{r_s}[(n_1\nu_1 - n_2\nu_2)\cos 2\phi + (n_1\nu_2 + n_2\nu_1)\sin 2\phi] \\
&\quad \times \sum_{n=2}^{\infty} y_3^{\text{Tide}}(r_s;n) P_n^2(\cos\theta) \Bigg\}
\end{aligned}
\tag{6.49}
$$

が得られる．変位に関しても同様の手順で定式化されており，詳細については Okubo（1993）を参照されたい．

6.4 三次元不均質媒質における変形

より一般的に三次元的な不均質構造を有する媒質における変形については，もはや解析的な方法によって変形を記述することは不可能となり，有限要素法などの数値解析的手法に頼らざるをえない．本節では弾性・粘弾性媒質の変形問題の解析手法として固体地球物理学の分野でも多用されている有限要素法について，その原理について述べる．

6.4.1 二次元弾性変形問題の有限要素法

有限要素法（finite element method, FEM）には，変形状態を仮定する変位法と，応力状態を仮定する応力法があるが，以下では，3 接点三角形線形要素を用いた二次元平面問題の変位法による解法について述べる．図 6.3 に示すように，二次元直角座標系において，連続体を仮想的な境界線によって三角形の有限要素（finite element）に分割する．それらの要素のなかのひとつ e を考え，その節点（頂点）を i, j, k とする．要素内の任意の点 (x, y) における変位を表す変位関数 $\mathbf{f}(x, y)$ を次式で定義する．

$$
\mathbf{f}(x, y) = \begin{bmatrix} u(x, y) \\ v(x, y) \end{bmatrix} = \mathbf{N}\boldsymbol{\delta}^{\text{e}} = [N_i,\ N_j,\ N_k] \begin{bmatrix} \boldsymbol{\delta}_i \\ \boldsymbol{\delta}_j \\ \boldsymbol{\delta}_k \end{bmatrix}
\tag{6.50}
$$

ここで，$\mathbf{N}$ の成分 N_i は (x, y) の関数であり，$\boldsymbol{\delta}_i$ は節点 i における変位で，x, y 方向の変位成分 u_i, v_i により $\boldsymbol{\delta}_i = (u_i, v_i)$ で定義される．

第6章 静的変位場の理論

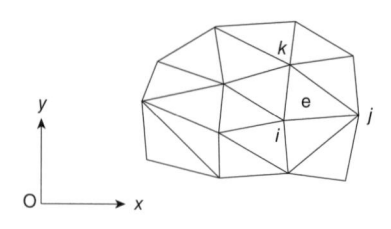

図 6.3 有限要素法のメッシュ分割

一方，要素内の歪成分は，

$$\varepsilon(x,y) = \begin{bmatrix} \varepsilon_x \\ \varepsilon_y \\ \gamma_{xy} \end{bmatrix} = \begin{bmatrix} \partial_x u \\ \partial_y v \\ \partial_y u + \partial_x v \end{bmatrix} = \mathbf{B}\boldsymbol{\delta}^{\mathrm{e}} \tag{6.51}$$

ここで，$\partial_x \equiv \partial/\partial x, \partial_y \equiv \partial/\partial y$ であり，$\mathbf{B}$ は節点変位と歪場を関係づける行列である．線形弾性体における応力-歪関係式であるフック（Hooke）の法則は，

$$\boldsymbol{\sigma}(x,y) = \begin{bmatrix} \sigma_x \\ \sigma_y \\ \tau_{xy} \end{bmatrix} = \mathbf{D}(\boldsymbol{\varepsilon} - \boldsymbol{\varepsilon}_0) + \boldsymbol{\sigma}_0 \tag{6.52}$$

ここで，$\boldsymbol{\varepsilon}_0$ は初期歪，$\boldsymbol{\sigma}_0$ は初期応力，$\mathbf{D}$ は各成分が媒質の弾性定数から構成される弾性マトリックスで，対称行列である．境界上の荷重や要素内の分布荷重（物体力など）と等価な節点力を

$$\mathbf{F}^{\mathrm{e}} = [\mathbf{F}_i, \mathbf{F}_j, \mathbf{F}_k]^{\mathrm{T}}, \quad \mathbf{F}_i = [U_i, V_i]^{\mathrm{T}} \tag{6.53}$$

などのように表す．ここで，成分 U_i, V_i は，それぞれ x, y 軸方向の節点力成分である．また，単位体積あたりの物体力を

$$\mathbf{p} = \left[\overline{X}, \overline{Y}\right]^{\mathrm{T}} \tag{6.54}$$

とする．

次に，要素方程式とよばれる要素 e の接点力 $\mathbf{F}^{\mathrm{e}}$ と節点変位 $\boldsymbol{\delta}^{\mathrm{e}}$ の関係式を求めるために，エネルギー原理を適用する．エネルギー原理とは，ある系がつりあいの状態にあるときには，全ポテンシャルエネルギーが最小（極小）になるというものである．全ポテンシャルエネルギーは次式のように書ける．

6.4 三次元不均質媒質における変形

$$\Pi = \frac{1}{2}\int_V \boldsymbol{\sigma}^\mathrm{T}\boldsymbol{\varepsilon}\,dV - \int_V \mathbf{f}^\mathrm{T}\mathbf{p}\,dV - \int_S \mathbf{f}^\mathrm{T}\mathbf{q}\,dS \tag{6.55}$$

ここで，$\mathbf{q}$ は，単位面積あたりの表面力である．体積積分は，媒質の全体積 V で，面積積分は，荷重を受ける面 S のみで行う．全体のポテンシャルエネルギーは，各要素のポテンシャルエネルギーの総和であるから，

$$\Pi = \sum_e \Pi_e \tag{6.56}$$

である．ここで，Π_e は要素 e のポテンシャルエネルギーである．式 (6.50), (6.51), (6.52) を用いると，式 (6.55) から

$$\begin{aligned}\Pi_e =& \frac{1}{2}\int_{V_e} [\boldsymbol{\delta}^\mathrm{e}]^\mathrm{T}\mathbf{B}^\mathrm{T}\mathbf{D}\mathbf{B}\boldsymbol{\delta}^\mathrm{e}\,dV - \int_{V_e}[\boldsymbol{\delta}^\mathrm{e}]^\mathrm{T}\mathbf{N}^\mathrm{T}\mathbf{p}\,dV - \int_{S_e}[\boldsymbol{\delta}^\mathrm{e}]^\mathrm{T}\mathbf{N}^\mathrm{T}\mathbf{q}\,dS \\ & -\frac{1}{2}\int_{V_e}[\boldsymbol{\delta}^\mathrm{e}]^\mathrm{T}\mathbf{B}^\mathrm{T}\mathbf{D}\boldsymbol{\varepsilon}_0\,dV + \frac{1}{2}\int_{V_e}[\boldsymbol{\delta}^\mathrm{e}]^\mathrm{T}\mathbf{B}^\mathrm{T}\boldsymbol{\sigma}_0\,dV \end{aligned} \tag{6.57}$$

ここで，V_e は要素 e の体積，S_e は面積荷重を受ける要素 e の面積であり，$\mathbf{D}^\mathrm{T} = \mathbf{D}$ の関係を用いている．

全体のポテンシャルエネルギーが最小になるためには，

$$\frac{\partial \Pi}{\partial \boldsymbol{\delta}} = \sum_e \frac{\partial \Pi_e}{\partial \boldsymbol{\delta}^\mathrm{e}} = 0 \tag{6.58}$$

となればよい．式 (6.57) より，

$$\begin{aligned}\frac{\partial \Pi_e}{\partial \boldsymbol{\delta}^\mathrm{e}} =& \int_{V_e}\mathbf{B}^\mathrm{T}\mathbf{D}\mathbf{B}\boldsymbol{\delta}^\mathrm{e}\,dV - \int_{V_e}\mathbf{N}^\mathrm{T}\mathbf{p}\,dV - \int_{S_e}\mathbf{N}^\mathrm{T}\mathbf{q}\,dS \\ & -\int_{V_e}\mathbf{B}^\mathrm{T}\mathbf{D}\boldsymbol{\varepsilon}_0\,dV + \int_{V_e}\mathbf{B}^\mathrm{T}\boldsymbol{\sigma}_0\,dV \\ =& \mathbf{K}^\mathrm{e}\boldsymbol{\delta}^\mathrm{e} - \mathbf{F}^\mathrm{e}_p - \mathbf{F}^\mathrm{e}_q - \mathbf{F}^\mathrm{e}_{\varepsilon_0} + \mathbf{F}^\mathrm{e}_{\sigma_0} \end{aligned} \tag{6.59}$$

ここで，

$$\begin{aligned}&\mathbf{K}^\mathrm{e} = \int_{V_e}\mathbf{B}^\mathrm{T}\mathbf{D}\mathbf{B}\,dV,\ \ \mathbf{F}^\mathrm{e}_p = \int_{V_e}\mathbf{N}^\mathrm{T}\mathbf{p}\,dV,\ \ \mathbf{F}^\mathrm{e}_q = \int_{S_e}\mathbf{N}^\mathrm{T}\mathbf{q}\,dS,\\ &\mathbf{F}^\mathrm{e}_{\varepsilon_0} = \int_{V_e}\mathbf{B}^\mathrm{T}\mathbf{D}\boldsymbol{\varepsilon}_0\,dV,\ \ \mathbf{F}^\mathrm{e}_{\sigma_0} = \int_{V_e}\mathbf{B}^\mathrm{T}\boldsymbol{\sigma}_0\,dV \end{aligned} \tag{6.60}$$

$\mathbf{K}^\mathrm{e}$ は，要素剛性マトリックスとよばれ，また，$\mathbf{F}^\mathrm{e}_p, \mathbf{F}^\mathrm{e}_q$ は，それぞれ，要素の物体力，および面積力と等価な節点力，$\mathbf{F}^\mathrm{e}_{\varepsilon_0}, \mathbf{F}^\mathrm{e}_{\sigma_0}$ は，それぞれ，要素の初期歪，および，初期応力による節点力である．

第 6 章 静的変位場の理論

以上により，(6.58) 式の条件は，

$$\sum_e \left[\mathbf{K}^e \boldsymbol{\delta}^e - \mathbf{F}_p^e - \mathbf{F}_q^e - \mathbf{F}_{\varepsilon_0}^e + \mathbf{F}_{\sigma_0}^e\right] = \mathbf{K}\boldsymbol{\delta} - \mathbf{F}_p - \mathbf{F}_q - \mathbf{F}_{\varepsilon_0} + \mathbf{F}_{\sigma_0} = 0 \quad (6.61)$$

と書くことができる．ここで，

$$\mathbf{K}\boldsymbol{\delta} \equiv \sum_e \mathbf{K}^e \boldsymbol{\delta}^e, \mathbf{F}_p \equiv \sum_e \mathbf{F}_p^e, \mathbf{F}_q \equiv \sum_e \mathbf{F}_q^e, \mathbf{F}_{\varepsilon_0} \equiv \sum_e \mathbf{F}_{\varepsilon_0}^e, \mathbf{F}_{\sigma_0} \equiv \sum_e \mathbf{F}_{\sigma_0}^e \tag{6.62}$$

である．したがって，

$$\mathbf{K}\boldsymbol{\delta} = \mathbf{F}_p + \mathbf{F}_q + \mathbf{F}_{\varepsilon_0} - \mathbf{F}_{\sigma_0} \equiv \mathbf{F} \tag{6.63}$$

となる．上式は剛性方程式とよばれる．また，$\mathbf{K}$ は媒質全体の剛性マトリックスとよばれ，各要素の剛性マトリックス $\mathbf{K}^e$ により構成される．$\mathbf{F}$ は各節点に加わるすべての節点力を表す．(6.63) 式より，

$$\boldsymbol{\delta} = \mathbf{K}^{-1}\mathbf{F} \tag{6.64}$$

と変位が求められることになる．さらに，式 (6.51), (6.52) より歪や応力が計算できる．

実際の計算を行うためには，$\mathbf{B}, \mathbf{D}, \mathbf{K}^e, \mathbf{F}^e$ を具体的に求める必要がある．要素内の変位 (u, v) が，座標の関数として次式のように表されるとする．

$$u(x, y) = \alpha_1 + \alpha_2 x + \alpha_3 y$$
$$v(x, y) = \alpha_4 + \alpha_5 x + \alpha_6 y \tag{6.65}$$

右辺の各項の係数 α_i ($i = 1, 2, \cdots, 6$) は次の連立一次方程式から求められる．

$$u_i = \alpha_1 + \alpha_2 x_i + \alpha_3 y_i$$
$$v_i = \alpha_4 + \alpha_5 x_i + \alpha_6 y_i$$
$$u_j = \alpha_1 + \alpha_2 x_j + \alpha_3 y_j$$
$$v_j = \alpha_4 + \alpha_5 x_j + \alpha_6 y_j$$
$$u_k = \alpha_1 + \alpha_2 x_k + \alpha_3 y_k$$
$$v_k = \alpha_4 + \alpha_5 x_k + \alpha_6 y_k \tag{6.66}$$

6.4 三次元不均質媒質における変形

ここで，x_i, y_i, u_i, v_i は節点 i の x 座標値，y 座標値，変位の x 成分，y 成分である．これを解いて $\alpha_i\,(i=1,2,\cdots,6)$ を求め，(6.65) 式に代入すると，

$$
\begin{aligned}
u(x,y) &= \frac{1}{2S}\left[(a_i + b_i x + c_i y)\,u_i + (a_j + b_j x + c_j y)\,u_j \right.\\
&\quad \left. + (a_k + b_k x + c_k y)\,u_k\right] \\
v(x,y) &= \frac{1}{2S}\left[(a_i + b_i x + c_i y)\,v_i + (a_j + b_j x + c_j y)\,v_j \right.\\
&\quad \left. + (a_k + b_k x + c_k y)\,v_k\right]
\end{aligned}
\tag{6.67}
$$

ただし，

$$
a_i = x_j y_m - x_m y_j,\ b_i = y_j - y_m,\ c_i = x_m - x_j \tag{6.68}
$$

であり，$a_j,\ b_j,\ c_j,\ a_k,\ b_k,\ c_k$ については，添え字を循環的に置換することによって得られる．また，

$$
2S = \det\begin{vmatrix} 1 & x_i & y_i \\ 1 & x_j & y_j \\ 1 & x_k & y_k \end{vmatrix} = 2 \times (\text{要素 e の面積}) \tag{6.69}
$$

である．(6.67) 式を (6.51) 式に代入することにより，

$$
\varepsilon = \frac{1}{2S}\begin{bmatrix} b_i & 0 & b_j & 0 & b_k & 0 \\ 0 & c_i & 0 & c_j & 0 & c_k \\ c_i & b_i & c_j & b_j & c_k & b_k \end{bmatrix}\boldsymbol{\delta}^{\mathrm e} \tag{6.70}
$$

が得られ，したがって，

$$
\mathbf{B} = \frac{1}{2S}\begin{bmatrix} b_i & 0 & b_j & 0 & b_k & 0 \\ 0 & c_i & 0 & c_j & 0 & c_k \\ c_i & b_i & c_j & b_j & c_k & b_k \end{bmatrix} \tag{6.71}
$$

である．

次に等方弾性体の平面応力問題においては，次の関係が成り立つ．

$$
\begin{aligned}
\sigma_x &= \frac{E}{1-\nu^2}\left(\varepsilon_x + \nu\varepsilon_y\right) \\
\sigma_y &= \frac{E}{1-\nu^2}\left(\nu\varepsilon_x + \varepsilon_y\right)
\end{aligned}
$$

第6章 静的変位場の理論

$$\tau_{xy} = \frac{E}{2(1+\nu)}\gamma_{xy} \tag{6.72}$$

ここで，Eはヤング（Young）率，νはポアソン比である．したがって，

$$\mathbf{D} = \frac{E}{1-\nu^2}\begin{bmatrix} 1 & \nu & 0 \\ \nu & 1 & 0 \\ 0 & 0 & \dfrac{1-\nu}{2} \end{bmatrix} \tag{6.73}$$

である．なお，ここでは簡単のため，$\varepsilon_0, \boldsymbol{\sigma}_0$は無視している．同様に平面歪問題では，

$$\mathbf{D} = \frac{E}{(1+\nu)(1-2\nu)}\begin{bmatrix} 1-\nu & \nu & 0 \\ \nu & 1-\nu & 0 \\ 0 & 0 & \dfrac{1-2\nu}{2} \end{bmatrix} \tag{6.74}$$

である．

要素剛性マトリックス$\mathbf{K}^\mathrm{e}$は，(6.60)式より

$$\mathbf{K}^\mathrm{e} = \iint \mathbf{B}^\mathrm{T}\mathbf{D}\mathbf{B}t\,dx\,dy \tag{6.75}$$

となる．ここで，tは要素の厚さであり，積分は三角形要素の全域について行う．$\mathbf{B}, \mathbf{D}$はx, yに依存しないから，要素の厚さを一定とすれば上式は，

$$\mathbf{K}^\mathrm{e} = \mathbf{B}^\mathrm{T}\mathbf{D}\mathbf{B}tS \tag{6.76}$$

となる．

同様にして，初期歪や初期応力による節点力は，それぞれ

$$\mathbf{F}^\mathrm{e}_{\varepsilon_0} = \mathbf{B}^\mathrm{T}\mathbf{D}\varepsilon_0 tS$$

$$\mathbf{F}^\mathrm{e}_{\sigma_0} = \mathbf{B}^\mathrm{T}\boldsymbol{\sigma}_0 tS \tag{6.77}$$

となる．物体力や面積力による節点力は，簡単な考察により，物体力の場合は，各節点に均等に1/3ずつ分布し，面積力の場合は1/2ずつ分布するので，要素全体に作用する物体力や面積力を求め，それを物体力の場合は1/3ずつ，面積力の場合は1/2ずつ各節点に均等配分することにより，$\mathbf{F}^\mathrm{e}_p, \mathbf{F}^\mathrm{e}_q$が求まる．ただし，面積力を配分する節点は，それを受けている面上の節点のみである．

以上の手順により，有限要素法によって二次元弾性体の解析を行うことがで

きる．粘弾性体や三次元問題への拡張については，山田（1980），鷲津（1983）などの文献を参照されたい．

参考文献

[1] Farrell, W. E. (1972) Deformation of the Earth by surface loads, *Rev. Geophys. Space Phys.*, **10**, 761-797.

[2] Fukahata, Y. and Matsu'ura, M. (2005) General expressions for internal deformation fields due to a dislocation source in a multilayered elastic halfspace, *Geophys. J. Int.*, **161**, 507–521.

[3] Fukahata, Y. and Matsu'ura, M. (2006) Quasi-static internal deformation due to a dislocation source in a multilayered elastic/viscoelastic half-space and an equivalence theorem, *Geophys. J. Int.*, **166**, 418-434.

[4] Matsumoto, K., Sato, T., *et al.* (2001) GOTIC2: A Program for computation of oceanic tidal loading effect, *J. Geod. Soc. Jpn*, **47**, 243-248.

[5] Okada, Y. (1985) Surface deformation due to shear and tensile faults in a half-space, *Bull. Seism. Soc. Am.*, **75**, 1135-1154.

[6] Okubo, S. (1993) Reciprocity theorem to compute the static deformation due to a point dislocation buried in a spherically symmetric earth, *Geophys. J. Int.*, **115**, 921-928

[7] Saito, M. (1978) Relationship between tidal and load Love numbers, *J. Phys. Earth*, **26**, 13-16.

[8] Sato, R. and Matsu'ura, M. (1974) Strains and tilts on the surface of a semi-infinite medium, *J. Phys. Earth*, **22**, 213-221.

[9] Sato, T. and Hanada, H. (1984) A Program for the computation of oceanic tidal loading effects 'GOTlC', *Publ. Int. Latit. Obs. Mizusawa*, **18**, 29-47.

[10] Steketee, J. A. (1958) On Volterra's dislocation in a semi-infinite elastic medium, *Can. J. Phys.*, **36**, 192-205.

[11] Takeuchi, H. and Saito, M. (1972) Seismic surface waves. *in* "Methods in Computational Physics", 11, (ed. Bolt, B. A.) pp.217-295, Academic Press, New York.

[12] 山田嘉昭（1980）『塑性・粘弾性』，培風館．262p.

[13] 鷲津久一郎ほか（1983）『有限要素法ハンドブック II，応用編』，培風館．1,109p.

第7章 地殻変動のデータ解析

　地殻変動の観測データは，地表面またはその近傍で得られる変位，または歪・傾斜である．一方，大きな地殻変動を生じさせる原因は，地下の断層すべりや，プレート境界の固着など地下深く（数十 km）で起きている現象である．したがって，地殻変動の原因を解明するためには，観測されたデータから変動源モデルのパラメータを推定する逆問題解析（逆解析，インバージョン）が必要となる．本章では，地殻変動データのインバージョン解析について述べる．

7.1　インバージョン解析の基礎

　いま，N 個の観測データ

$$\mathbf{d} = [d_1, d_2, d_3, \ldots, d_N]^\mathrm{T} \tag{7.1}$$

が得られたとする．それに対して，観測データを説明するあるモデルのパラメータが M 個あったとする．

$$\mathbf{m} = [m_1, m_2, m_3, \ldots, m_M]^\mathrm{T} \tag{7.2}$$

観測データはモデルパラメータを変数とする関数で記述でき，

$$\mathbf{d} = \mathbf{G}(\mathbf{m}) \tag{7.3}$$

と書ける．特別な場合として，観測データがモデルパラメータの線形結合で表される場合には，

$$\mathbf{d} = \mathbf{Gm} \tag{7.4}$$

となる．ここで，$\mathbf{G}$ は $N \times M$ の行列で，データカーネルとよばれる．非線形の逆問題の解法については，中川・小柳（1982）などの文献を参照されたい．

半無限弾性体中に点震源がある場合を考える．(6.8)～(6.10) 式をみると，震源（断層）でのすべり量 U_i と観測される変位（歪・傾斜も同様）は線形関係にある一方で，位置や走向，傾斜角とは非線形の関係にあることがわかる．したがって，断層位置や形状については，本震や余震の震源分布など他のデータに基づいて仮定すれば，すべり量を推定する問題は線形の逆問題となる．有限な大きさをもつ矩形断層の場合や，水平成層や球殻構造媒質の場合も同様である．

7.2　不均質断層すべり分布の推定

地震のマグニチュード M が大きくなるとともに，断層の大きさも大きくなり，佐藤（1989）によれば，M と断層長 L の間には

$$\log L = 0.5M - 1.88 \tag{7.5}$$

の相似則が成り立っている．したがって，M7 では長さ約 40 km，M8 では長さ約 130 km となる．

このように断層面が大きい地震の場合，断層面上でのすべり分布は一様にはならず，すべりが大きいところと小さいところが不均質に分布していると考えるのが自然である．なお，すべりの大きいところは**アスペリティ（asperity）**とよばれ，大地震の発生サイクルを考えるうえで重要な概念である．このような不均質な断層すべりの分布を推定する場合には，大きな断層を小断層に分割し，各小断層のすべり量をインバージョンで推定する．したがって，(7.2) 式のパラメータは，推定すべき各小断層のすべり量である．断層運動は，岩石のせん断破壊であり，岩石の破壊強度は有限であることから，断層運動によって断層周辺に生じた応力場も有限である．このことから，断層面上のすべり分布が滑らかであることが要請される．すなわち，隣り合う小断層のすべりベクトルは，滑らかに変化するという物理的な制約条件（または，拘束条件，先験情報）が課される．このような条件はスムージングともよばれる．具体的には，たとえばすべり分布を断層面上で定義された二次元座標系 O–$x_1 x_2$ の座標値 (x_1, x_2) の

第 7 章 地殻変動のデータ解析

関数 $u^i(x_1, x_2)$ $(i = 1, 2)$ と考えて,

$$\sum_{i=1}^{2} \int_S \left(\sum_{j=1}^{2} \frac{\partial^2 u^i}{\partial x_j^2} \right) dx_1 dx_2 = 0 \tag{7.6}$$

とする.ただし,x_1, x_2 は,それぞれ断層の走向方向,傾斜方向にとり,u^1, u^2 は,走向方向,および傾斜方向のすべり成分とする.上式の左辺は,すべり分布の二階微分の総和で定義される「粗さ」であり,それがゼロであることを拘束条件にする.

(7.6) 式を離散化するため,u^i_{pq} $(i = 1, 2)$ を走向方向に p 番目,傾斜方向に q 番目の小断層のすべり量と定義して,上式を離散化すると以下のようになる.

$$\sum_{p=1}^{P} \sum_{q=1}^{Q} \left(u^i_{(p-1)q} + u^i_{(p+1)q} + u^i_{p(q-1)} + u^i_{p(q+1)} - 4u^i_{pq} \right) = 0 \tag{7.7}$$

上式の左辺は u^i_{pq} の線形結合であるから,上式は次式のように書き替えられる.

$$\mathbf{Fm} = 0 \tag{7.8}$$

ここで,$\mathbf{F}$ は (7.7) 式の u^i_{pq} の係数行列であり,$\mathbf{m} = [m_1, \ldots, m_M]^\mathrm{T} = [u^1_{11}, u^1_{12}, \ldots, u^1_{PQ}, u^2_{11}, u^2_{12}, \ldots, u^2_{PQ}]^\mathrm{T}$ $(2 \times P \times Q = M)$ である.

以上より,拘束条件付き逆問題の観測方程式は次式で表現できる.

$$\begin{bmatrix} \mathbf{WG} \\ \alpha \mathbf{F} \end{bmatrix} \mathbf{m} = \begin{bmatrix} \mathbf{Wm} \\ 0 \end{bmatrix} \tag{7.9}$$

上式の解は,

$$\mathbf{m} = \mathbf{G}^\# \mathbf{d} \tag{7.10}$$

で与えられる (Aster et al., 2005).ここで,$\mathbf{G}^\# = \left(\mathbf{G}^\mathrm{T} \mathbf{G} + \alpha^2 \mathbf{F}^\mathrm{T} \mathbf{F} \right)^{-1} \mathbf{G}^\mathrm{T}$,$\mathbf{W}$ は重み行列で $N \times N$ の対角行列である.$\mathbf{W}$ の i 番目の対角要素は,i 番目の観測データの 2 乗誤差の逆数で与えられる.$\mathbf{F}$ はスムージング行列で,各成分は (7.7) 式により決定される.α はスムージング係数で,スムージングの程度を与える.すなわち,α が大きければすべり分布はより滑らかになり,小さければ粗くなる.α については,いろいろな α に対して計算されるモデルパラメータの L_2 ノルム $\|\mathbf{m}\|_2 = (\sum_i m_i^2)^{\frac{1}{2}}$ とデータミスフィットの L_2 ノルム $\|\mathbf{d} - \mathbf{Gm}\|_2$ をプロットしたときに得られる図 7.1 のような L 字状の曲線におい

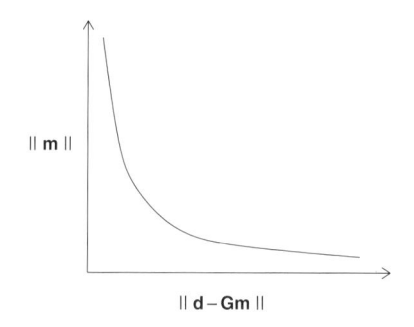

7.2 不均質断層すべり分布の推定

図 7.1 いろいろなスムージング係数に対するデータミスフィットとモデルパラメータの L_2 ノルム

て，コーナーに最も近い $\|\mathbf{m}\|_2, \|\mathbf{d} - \mathbf{Gm}\|_2$ を与える値を最適値とする（Aster et al., 2005）．

モデル解像度行列 $\mathbf{R}_\mathrm{m} = \mathbf{G}^{\#}\mathbf{G}$ は，推定されたモデルパラメータの一意性を示しており，$\mathbf{R}_\mathrm{m} = \mathbf{I}$ のときモデルパラメータは一意に決定されていることを示す．データ解像度行列 $\mathbf{R}_\mathrm{d} = \mathbf{G}\mathbf{G}^{\#}$ は，データとモデル予測値の適合度を示しており，$\mathbf{R}_\mathrm{d} = \mathbf{I}$ のとき $\mathbf{d} = \mathbf{Gm}$ となる．

このような先験情報を拘束条件とする逆問題のより厳密な解法として，Yabuki and Matsu'ura（1992）はベイズ（Bayes）の定理に基づいて定式化を行い，スムージング係数を ABIC（Akaike Bayesian information criterion）を用いて客観的に決定する方法を提案している．

7.2.1 地震時地殻変動

2005（平成17）年8月に M7.2 のプレート境界地震が宮城県沖で発生した．この地震に伴って，国土地理院や東北大学の陸上 GPS 連続観測点では，最大 5 cm の地震時地殻変動が観測された．Miura et al.（2006）は，口絵 2（図 7.2）に示すように，観測された地震時水平地殻変動（黒矢印）をデータとし，Yabuki and Matsu'ura（1992）のインバージョン法により本震のすべり分布を推定した（青矢印とコンター）．その結果，約 40 cm の最大すべりが本震の震央近傍に推定されている．得られた結果を Yaginuma et al.（2006）が地震波形インバージョンによって推定した地震時すべり分布と比較すると，すべり域はより広域

第 7 章 地殻変動のデータ解析

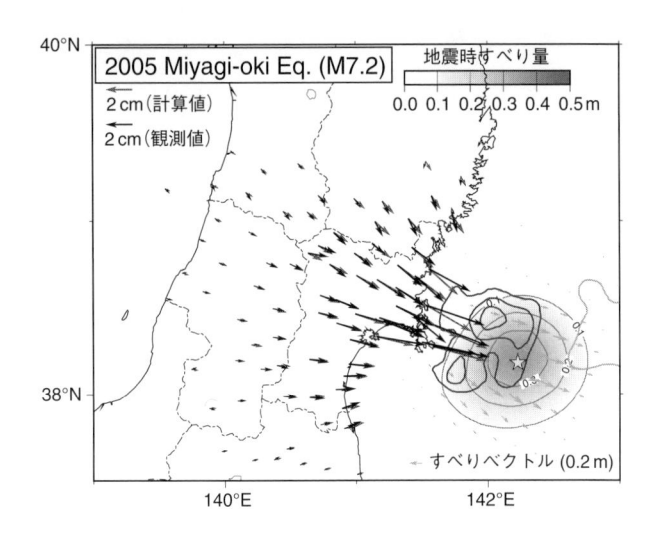

図 7.2 2005 年 8 月 16 日の宮城県沖地震（M7.2）に伴って観測された地震時地殻変動（黒矢印）と推定されたプレート境界上のすべり分布（青矢印・コンター）

赤矢印は，推定されたすべり分布から計算された変位を示す．地震時すべり分布（青矢印）は，プレート境界上盤側での変位を地表に投影したものである．黄色の星印は本震震央を示す．紫，緑のコンターは，Yamanaka and Kikuchi（2004）により推定された 1978 年（M7.4），および 1981 年（M7.0）の地震のすべり分布を示す．　　　　　　　　（カラー図は口絵 2 を参照）

に分布するが，分布の中心についてはよく一致している．推定された積算モーメントは，6.5×10^{19} N m（M7.1）であり，Yaginuma et al.（2006）による推定値 8.9×10^{19} N m（M7.2）と比べると多少小さめではあるが大きな違いはない．いずれの結果もこの地震の破壊域が 1978 年のアスペリティの南東部分に限定されていたことを示唆している．

7.2.2　余効すべりによる地震後地殻変動

大地震発生後には，余効的地殻変動（postseismic deformation）が観測される事例がこれまで数多く報告されている．前項で述べた 2005 年宮城県沖地震（M7.2）の場合も同様である．図 7.3 は，宮城県牡鹿半島沖の金華山に設置されている東北大学の GPS 連続観測点において観測された地震前後の観測点座標値の時系列である．原記録に含まれるトレンドと季節変動については，除去し

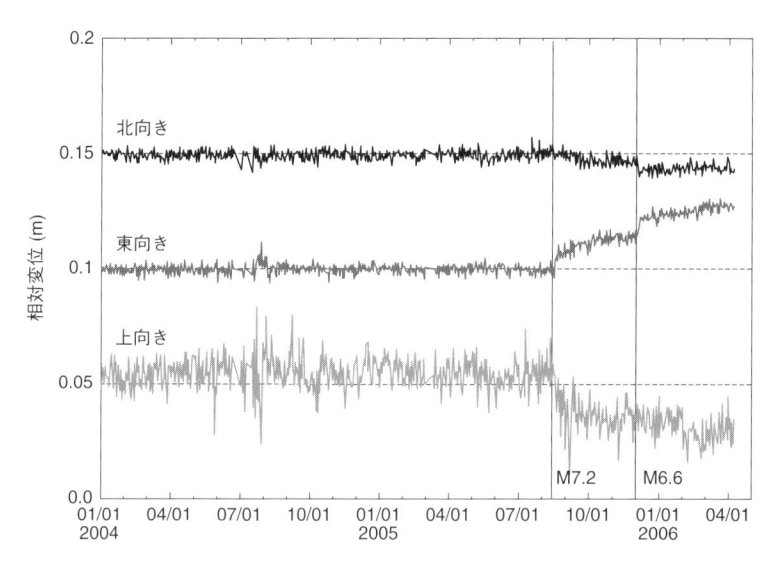

7.2 不均質断層すべり分布の推定

図 7.3 東北大学の金華山 GPS 観測点において観測された余効地殻変動
上段，中段，下段は，それぞれ，北向き，東向き，上向きの変位を示す．経年変動，年周・半年周変動および本震発生に伴う地震時変動は除去してある．

ている．この観測点では，本震以降の余効変動が明瞭にみられる．その変化はとくに本震直後に大きくその後次第に小さくなっており，2005 年 10 月半ば以降はいったんほとんど終息しているように見える．同年 12 月 2 日には，本震震央の約 10 km 南東側で，最大余震である M6.6 のプレート境界地震が発生している．この最大余震後にも本震直後ほど顕著ではないものの余効変動が見られる．この変動も最大余震直後には変動速度が大きかったが時間の経過とともに徐々に小さくなっている．

余効地殻変動の原因については，いくつかの説があるが，大地震直後の顕著な余効変動については，本震断層周辺の**余効すべり**（after slip）が主な原因と考えられている．そこで，2005 年 8 月 17 日から 2006 年 7 月 16 日までのデータを用いて Yagi and Kikuchi（2003）の方法によるインバージョンを行って余効すべりの時空間発展を推定した．このインバージョン法では，すべりの空間分布だけでなく，時間変化もパラメータとして考慮されている．

得られた結果を図 7.4（口絵 3）に示す．上述のように最大余震時には震源に

第 7 章 地殻変動のデータ解析

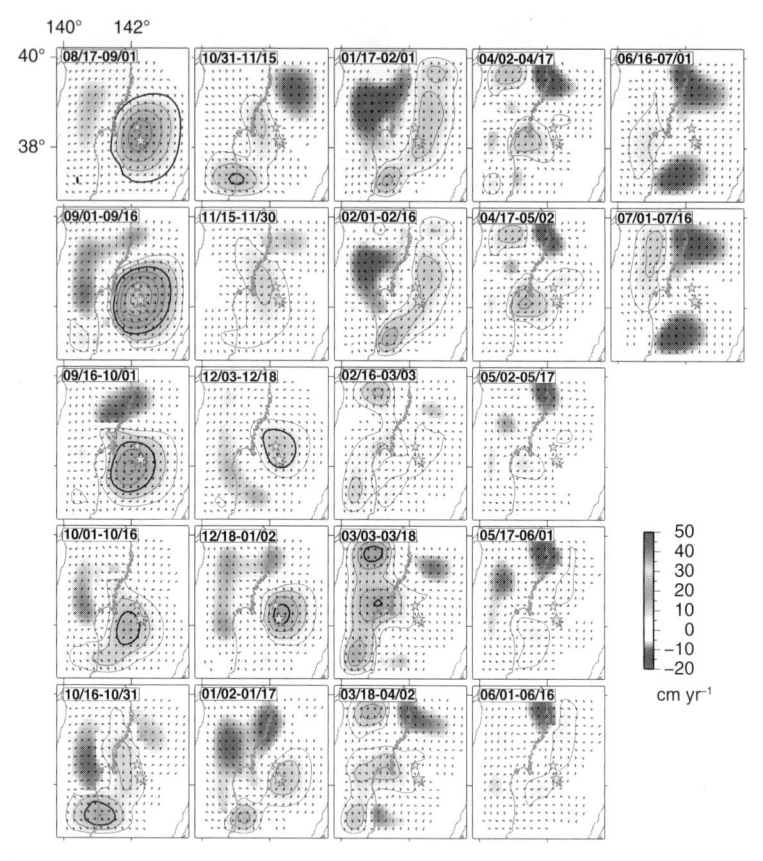

図 7.4 GPS 連続記録インバージョンによって推定されたプレート境界面上のすべりの時空間発展のスナップショット（15 日ごとの変化分）
コンター間隔は $5\,\mathrm{cm\,yr^{-1}}$. 大きな星印は本震の，小さな星印のうち南側のものは最大余震の，北側のものは M6.3 の余震の震央を示す．太いコンターは推定誤差 (2σ) を示す．
（カラー図は口絵 3 を参照）

近い観測点において地震時地殻変動が観測されているため，ここでは解析期間を最大余震前後の 2 つの期間（2005 年 8 月 17 日〜2005 年 11 月 30 日と，2005 年 12 月 3 日〜2006 年 7 月 16 日）に分けて個別に解析を行った．図 7.4 には 8 月 17 日以後 15 日間ごとに推定されたプレート境界面上の余効すべり分布を日数で割ってすべり速度に変換して示してある．なお，すべりの東向き成分が負，つまり西向きの成分をもつときには，負号をつけて青から紫のカラースケール

7.2 不均質断層すべり分布の推定

で図示した（口絵 3 参照）．

図 7.4 をみると 9 月 16 日までの期間については，本震の震央近傍で余効すべり分布が最大となっているのに対し，それ以降の期間については，本震の南西側で最大となり，10 月 16 日以降には福島県沿岸でピークとなっていて，余効すべり域が南側に進展していった可能性を示している．本震直後の余効変動の大きさは本震震源に最も近い金華山観測点でも約 2 cm 程度と小さいため，推定精度について検討を要するところであるが，図 7.3 に示した時系列において，東西成分と南北成分の変位速度の時間変化を比較すると，南北成分のほうがより緩やかに減衰しているようにも見えることから，上で述べたような現象は，実際に起きている可能性が考えられる．

次に最大余震発生後の 12 月 3 日以降のすべり分布をみると，信頼限界を超えるようなすべりが本震・最大余震の震源域において約 1 カ月程度続いていることから，最大余震の発生をきっかけとして余効すべり活動がふたたび活発化した可能性が考えられる．

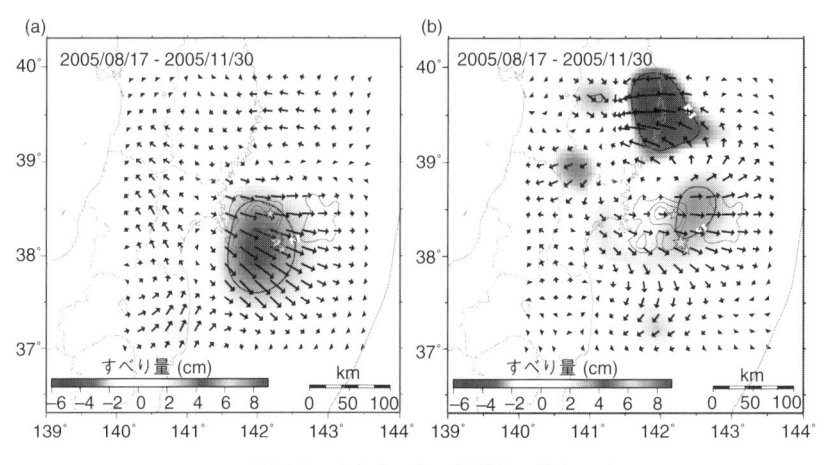

図 7.5 余効すべりの積算値の分布

(a) 2005 年 8 月 17 日から 2005 年 11 月 30 日まで（最大余震発生前）の積算すべり分布．灰色のコンターは Yamanaka and Kikuchi（2004）による 1978（M7.4，西側）および 1981（M7.0，東側）の地震のすべり量分布（0.5 m 間隔）を示す．赤のコンターは Yaginuma et al.（2006）による本震時のすべり分布．
(b) 2005 年 12 月 3 日から 2006 年 7 月 16 日までの積算すべり分布．

（カラー図は口絵 4 を参照）

第 7 章　地殻変動のデータ解析

　図 7.5（口絵 4）に，2005 年 8 月 17 日から同年 11 月 30 日まで，および同年 12 月 3 日から 2006 年 7 月 16 日までの各期間の余効すべりの積算値を示す．図 7.5a に示したように，最大余震前の期間では Yaginuma et al.（2006）が地震波形インバージョンにより推定した本震時のすべり分布（図中青色のコンター）と比較すると，一部は重なっているものの，余効すべりのすべり量が最大の位置は，本震時の最大すべりの位置の南西側に位置している．

　なお，図 7.5 の赤枠で示した領域における各期間のモーメント解放量は，$3.7 \times 10^{19}\,\mathrm{N\,m}$（M7.0）および $3.2 \times 10^{19}\,\mathrm{N\,m}$（M6.9）であり，両期間を合わせると $6.9 \times 10^{19}\,\mathrm{N\,m}$（M7.2）となって本震と同程度の規模の地震に相当する余効すべりが発生したことに相当する．

7.2.3　プレート間カップリングの空間分布

　プレート境界で発生する大地震は，おおむねある再来間隔で繰り返し発生することが知られている．2 つの大地震の間の期間を**地震間期間**（inter-seismic period）とよぶことにする．地震間期間において，繰り返し地震を起こす**地震発生域**（seismogenic zone）は固着している．日本のような沈み込み帯においては，地震発生域以外のプレート境界では，2 つのプレートが安定すべりを起こしてプレート間の相対運動を解消していると考えられる．結果として地震発生域には応力が蓄積される．

　このような状態は，物理的にはプレート境界全域での定常すべりと，地震発生域（固着域）のバックスリップ（back slip, Savage, 1983）の重ね合わせと考えることができる（図 7.6）．プレート境界全域での定常すべりによる地殻変動は，地震発生域のサイズに比べて長波長であり，変動量もバックスリップによる変動量に比べて十分小さいと考えられる（Matsu'ura and Sato, 1989）ため，観測された地殻変動からバックスリップの分布を求め，地震間期間のプレート間カップリングを推定する研究が行われている．

　Suwa et al.（2006）は，1997 年から 2001 年までの 5 年間について，GEONET で得られた GPS 連続観測データの水平・上下 3 成分の変位速度データを用いて，東北〜北海道下のバックスリップインバージョンを行い，この地域のプレート間カップリングの空間分布を推定した．図 7.7 は，推定されたプレート境界上のバックスリップの空間分布を地表面に投影したものである．図中，グレー

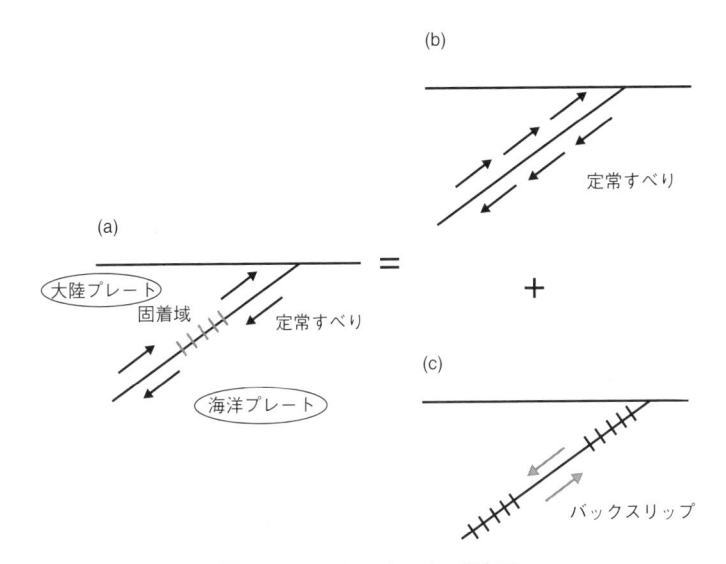

図 7.6　バックスリップの概念図

プレート境界の一部がカップリングしている状態（a）を，海洋プレートが定常的に沈み込む状態（b）と固着域に仮想的なすべり（バックスリップ）を与えた状態（c）の和と考える．

の濃い部分ほどバックスリップが大きいこと，すなわちプレート間が結合していることを示している．図を見ると，宮城県沖で最大約 $10\,\mathrm{cm\,yr^{-1}}$，十勝沖から青森県東方沖にかけての領域で最大約 $8\,\mathrm{cm\,yr^{-1}}$ であり，宮城県沖や十勝沖でカップリングが強いことを示唆している．なお，これらのカップリングの強い領域では，2003（平成 15）年 9 月に十勝沖地震（M8.0）が，2005 年 8 月に宮城県沖地震（M7.2）が起きている．前者は，1952（昭和 27）年の十勝沖地震（M8.2）とほぼ同じアスペリティが破壊したと考えられており，後者については，1978（昭和 53）年の宮城県沖地震（M7.4）のアスペリティの一部が破壊したと考えられいる．いずれにしろ，大地震の発生前のプレート境界では，2つのプレート間がしっかり固着している様子が実際の GPS 観測により明らかにされた．

第 7 章　地殻変動のデータ解析

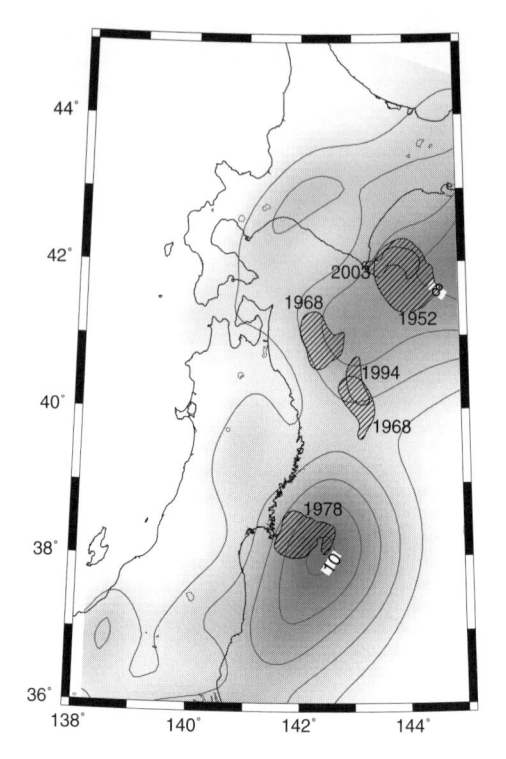

図 7.7　GPS データを用いて推定されたプレート境界の固着状況
プレート間の固着の度合いを表すバックスリップ量をコンターで示す．コンター間隔は $2\,\mathrm{cm\,yr^{-1}}$．斜線の入った領域は，南から 1978 年宮城県沖地震 (M7.4)，1968 年十勝沖地震 (M7.9)，1952 年十勝沖地震 (M8.2)，2003 年十勝沖地震 (M8.0) のアスペリティ (Yamanaka and Kikuchi, 2004) を示す．

参考文献

[1] Aster, R., Borchers, B., and Thurber, C. (2005) "Parameter Estimation and Inverse Problems", Elsevier Academic Press, Burlington, MA, USA.

[2] Matsu'ura, M. and T. Sato (1989) A dislocation model for the earthquake cycle at convergent plate boundaries, *Geophys. J. Int.*, **96**, 23-32.

[3] Miura, S., Iinuma, T., *et al.* (2006) Co- and post-seismic slip associated with the

2005 Miyagi-oki earthquake (M7.2) as inferred from GPS data, *Earth Planets Space*, **58**, 1567-1572.

[4] 中川 徹・小柳義夫 (1982)『最小二乗法による実験データ解析』，東京大学出版会．206p.

[5] 佐藤良輔 (1989)『日本の地震断層パラメター・ハンドブック』，鹿島出版会．390p.

[6] Savage, J. C. (1983) A dislocation model of strain accumulation and release at a subduction zone, *J. Geophys. Res.*, **88**, 4984-4996.

[7] Suwa, Y., Miura, S., *et al.* (2006) Interplate coupling beneath NE Japan inferred from three dimensional displacement field, *J. Geophys. Res.*, **111**, doi:101029/2004JB003203.

[8] Yabuki, T. and Matsu'ura, M. (1992) Geodetic data inversion using a Bayesian information criterion for spatial distribution of fault slip, *Geophys. J. Int.*, **109**, 363-375.

[9] Yagi, Y. and Kikuchi, M. (2003) Partitioning between seismogenic and aseismic slip as highlighted from slow slip events in Hyuga-nada, Japan, *Geophys. Res. Lett.*, **30**, 1087, doi:10.1029/2002GL015664.

[10] Yaginuma, T., Okada, T., *et al.* (2006) Coseismic slip distribution of the 2005 off Miyagi earthquake (M7.2) estimated by inversion of teleseismic and regional seismograms, *Earth Planets Space*, **58**, 1549-1554.

[11] Yamanaka, Y. and Kikuchi, M. (2004) Asperity map along the subduction zone in northeastern Japan inferred from regional seismic data, *J. Geophys. Res.*, **109**, B07307, doi:10.1029/2003JB002683.

第3部
津　　波

この巻の第3部では，津波の**発生機構**（generation mechanism）から**伝播**（propagation）さらには沿岸部への**遡上**（runup）までの過程を総合的に紹介する．具体的には，地震だけではなく地震以外の津波発生，**波動運動**（wave dynamics）としての津波の特徴，沿岸部で地形の影響を受けた挙動にもふれながら，最後に，われわれの生活圏の中心である陸上での特性を説明することにより，地球物理学から防災学までの視点・観点を理解してもらいたい．

第8章 津波の発生

8.1 津波とは？

　津波とは，「津（港や湾）」での波を意味し，港などの浅海域で波として初めて認識できる波動である．これは，沖合では，波長が数十〜百 km で高さ（波高）は数 m であるので，きわめて緩やかな水面の変化であり，われわれは波として認識することは難しいからである．しかし，沿岸に到達するにつれて波長が短く逆に波高が増加し，とくに港や湾内では，波高が増幅するために，波として確認できる．これが語源となって，津での波である津波が，「TSUNAMI」として世界共通の言葉となっている．その他，わが国では，「海嘯（かいしょう）」とよばれる時代もあった．「嘯」は日本古来の楽器である縦笛である．津波の先端付近での段波が，轟音を立てて沿岸部から陸上または河川に遡上する様子を表現している．

　わが国沿岸では昔から津波による多大な被害を受け続けており，とくに人的被害は著しい．1896（明治29）年三陸地震津波では，2万2千人もの犠牲者を出し，「TSUNAMI」を世界語にした理由ともなった．過去，400年程度の歴史史料を見ると，世界における津波犠牲者の3割強がわが国において生じていることになる．過去からの経験も伝承され，「つなみ」という言葉を知らない日本国民はいないほどである．なお，専門家などでは，1960年代から「TSUNAMI」が世界語として通用していたが，メディアなどでも一般に使われるきっかけとなったのが，2004年12月26日のインド洋津波である．犠牲者は23万人を超

えたことや，年末の休暇にインド洋の観光地を訪れていた欧米などの海外旅行者の多くが被災したために，世界中で「TSUNAMI」という言葉が報道された．

津波の発生頻度は低いが，いったん起きると津波の被害規模や影響範囲は，地震動（地盤の揺れ）と比較して大変大きくなるという特徴をもつ．通常，大規模な地震でも強い震動の影響範囲は数百キロ程度に限定されるが，海水があるかぎり津波は伝播し，1万km以上を伝幡する場合もある．1960（昭和35）年5月のチリ地震津波は，チリ沖から太平洋を通じて日本まで1万5千kmを伝わって大きな被害を出した．沿岸部に到達した津波は，低地を中心に浸水し，避難の遅れた住民などの命を奪っていった．

2011（平成23）年3月11日に発生した地震により巨大な津波が生じた．M9.0の巨大地震における破壊の始めは，宮城県沖の海底における24kmの深さで起こったと推定されている．このときに，断層運動としてエネルギーを解放させ，同時に海底地殻を上下にも変動させた．これが膨大な海水を動かし，津波となって三陸海岸をはじめ，東日本沿岸を襲ったのである．津波エネルギーは地震のわずか数パーセントであったが，それでも甚大であり，その影響はわが国だけでなく太平洋沿岸に及んだ．

8.2　地震性津波の発生理論

津波は，潮汐や気象現象など日常で起こる以外の物理現象に起因して生じた波動であり，その発生原因はさまざまである．最近の過去200年間（1790～1990年）における世界での津波発生を原因別に，その割合を図8.1に示す．約9割が海底下で発生した地震であり，そのほか，火山噴火，地すべりなどとなっている．このように，過去の事例を見ると非地震性の津波の発生頻度は低いものの，局所的に大きな波高さが生じるために，いったん生じた際の被害は大きいという特徴をもつ．その代表は，1792（寛政4）年島原火山や1883年インドネシア・クラカタウ火山による津波であり，数千人以上の犠牲者を出している．

古来より，地震の後に津波が来襲し，被害を起こしてきたことは知られていた．しかし，どのようにして海底での地震が津波を励起するのかを議論し，そのメカニズムが明らかになったのはそれほど古いことではない．1896（明治29）年明治三陸地震津波に襲われた当時，地震による津波の発生機構に関しては十

8.2 地震性津波の発生理論

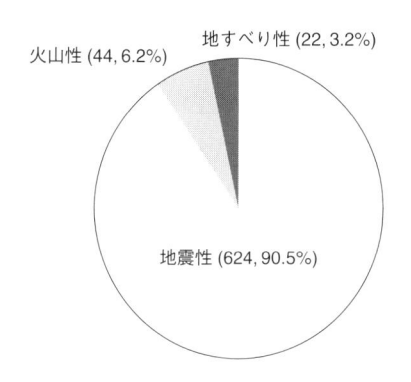

火山性 (44, 6.2%)
地すべり性 (22, 3.2%)
地震性 (624, 90.5%)

図 8.1　過去 200 年間（1790〜2012 年）の津波発生原因

分理解されておらず，いくつかの学説が挙げられていた．代表的なものが，大森房吉の海震説（地震動に励起された**湾内固有振動**（natural frequency at bay））と今村明恒の海底変動説である．当時は，なぜ地震の発生後に沿岸各地が津波にほぼ同時に来襲されるのか十分にわからなかったのである（渡辺，1985）．いく多の論争を経て，津波の到達時間や発生効率などの点から，現在では今村説が一般的な発生機構として認められている．ただし，大森説の固有振動現象は，発生時の津波周期と湾内固有周期との対応として理解すれば，現在でも波高増幅機構として有効なものである．

　津波の発生原因はある程度理解されたものの，その原因である海底変動（食い違い）を定量的に扱うには地震の**断層運動**（fault motion）をモデル化する必要があった．Steketee（1958）により，断層運動による地表での**変位**（displacement）が**食い違い**（dislocation）の弾性論により定式された．その後，1960 年代に，有限の矩形断層面を仮定した断層モデルが提案され，津波の発生条件（初期波源）を量的に定式化することが可能となった．Mansinha and Smylie（1971）やOkada（1985）などにより解析解が与えられている．モデルは幾何学的な特徴を表す 6 つの静的パラメータ（図 8.2 を参照）と運動学的な特徴を表す 2 つの動的パラメータから構成されており，とくに，前者のパラメータにより断層運動に起因した**最終海底変動量**（final deformation of sea bottom）を算出することができる．1 枚の断層だけでなく複数の断層が存在したり，断層上で空間的に不均一なすべり量を分布させるモデルも提案されている．

第 8 章　津波の発生

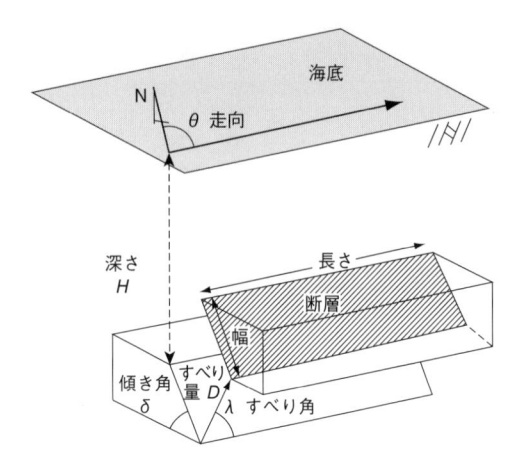

図 8.2　断層モデルとそのパラメータ

求められた変動量の全体の鉛直すべり成分 (ξ) は，水深 h として海底勾配も考慮した式，

$$\xi = \zeta_x \frac{\partial h}{\partial x} + \zeta_y \frac{\partial h}{\partial y} + \zeta_z \tag{8.1}$$

より算出できる．ここで，ζ は断層による変位量である．海底勾配があると，断層の横ずれ成分でも鉛直変位量が生じることがわかる．

津波の発生に関する数値計算は，(8.1) 式を以下に示す連続の式に取り込んで行われる．海底の変動による海面の変化が生じ，それによる流れも発生し波動が伝播していく．(8.2) 式で，海底の時間的空間的変化を考慮することができる．

$$\frac{\partial \eta}{\partial t} + \frac{\partial M}{\partial x} + \frac{\partial N}{\partial y} = \frac{\partial \xi}{\partial z} \tag{8.2}$$

ここで，η は水位変動，M, N は x, y 方向の線流量である．

津波の規模は，断層による海底鉛直変位量により決まり，すべり量が大きくかつ地震の発生（震源）した深さが浅いほど，その変位量が大きくなる．したがって，現在の気象庁による**津波警報システム**（tsunami warning system）での津波発生の有無判断は，過去の事例による津波発生状況を統計的に解析した結果を基にして，主に地震規模とその深さによって判断されている．

断層モデルにおいて動的パラメータは 2 つあり，ひとつは点源から開始した破壊の伝播する速度（**破壊伝播速度**（rupture velocity））である．もうひとつ

は，破壊が到達してから最終の変位に至る時間（**立ち上がり時間**（rising time））になる．いずれも，津波波源での波動の**伝播速度**（wave celerity）に対して十分大きい場合には，その効果は小さく無視できるが，小さい場合には，津波の規模に大きく影響する．また，断層の破壊パターン（ユニラテラル，バイラテラルなど）の違いによる効果もあり，断層の規模が大きくなればドップラー効果（Doppler effect）により，津波波高の変化を生じさせる．最近では，動的断層パラメータの効果を数値解析のなかで詳細に検討する例もある．三次元非圧縮流体として扱い，津波初期波形が必ずしも海底の地盤変動量に一致せず立ち上がり時間に依存することなどを示している．

　明治三陸津波のような地震規模に比べて津波が大きくなる特異例もあり，津波を捉えるには地震波データ以外の信頼性の高い観測データが必要となっている．「津波地震」とは地震の規模に比較して大きな津波を励起する特異な地震である．通常，津波の規模は地震に比例しないので，地震規模をベースとする津波予測や警報を出すときに，大きな課題（過小評価）となる現象でもある．津波地震は「ぬるぬる地震」「ゆっくり地震」「粘弾性地震」「スローな地震」などさまざまな名前で表現されることが多く，その発生メカニズムに関しても多くの研究報告がある．

　いかなるメカニズムがあったとしても，地震と津波の規模の違いが基本にあるので，M_t（津波マグニチュード）と M_s（表面波マグニチュード）の差が 0.5 もしくはそれ以上のものを取り上げることが妥当であると考える．この原因は，地震自体が特殊な場合（狭義）と，地震動に伴う付加的な現象が津波を大きくするもの（広義）とに分けられる．

8.3　非地震性の津波 – さまざまな現象による発生

　津波発生の原因のほとんどは，海底での地震による断層運動であるが，その他の地球物理学的な現象を原因とする場合にも発生する．その代表例は，**地すべり**（landslide），**火山噴火**（volcanic eruption）である．地すべりおよびそれに伴う**土石流**（debris flow）により発生する津波は，通常の断層運動によりひき起こされる津波に比べて頻度は低いものの，歴史的にみてもその規模・被害ともに大きな例がある．1791（寛政 3）年眉山崩壊によって発生した津波は有

第 8 章　津波の発生

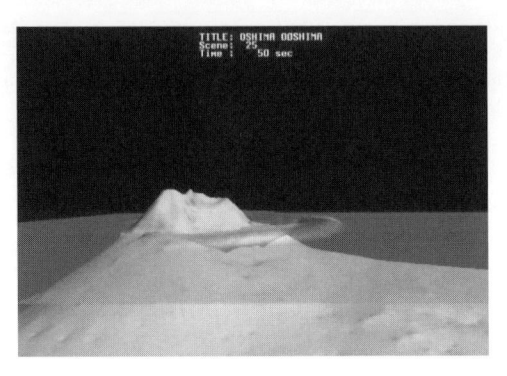

図 8.3　火山噴火時の三体崩壊による土砂が海面に突入し津波を発生
1741 年渡島大島のケース．

明海を伝播し，対岸の肥後・天草を襲い，5,000 人以上の死者を出した．また，1741（寛政元）年渡島大島（北海道）火山性津波（図 8.3）では犠牲者は 1,467 人を数え，いまだにその発生メカニズムは断定されていないが，島北部に残された大規模地すべりがおおいに関係していると考えられている．非地震性の現象により発生する津波の研究は，断層運動のものに比べて本格的な研究が少なく，また津波発生モデルも確立されたとはいえない．

そのなかでも，今村・松本（1998）は，山体崩壊による津波の発生・伝播を **2 層流モデル**（two layer flow model）により再検討し，現在確認されている崩壊が土石流となって海域に突入すれば，渡島半島での津波痕跡はかなり説明できるとしている．また，Satake（2001）は水面下での崩壊も考慮し，土石流の動的影響を断層で置き換える手法により再現を試みている．また，伴ほか（2001）は，断層モデルに基づき，痕跡記録を説明する場合，東西方向に走向をもつ特異的なモデルを仮定する必要があることを示している．

8.4　津波の諸量

津波も往復運動である波動なので，その性質を表すパラメータとして，**振幅**（wave amplitude）a（**波高**（wave height）H の半分），**周期**（wave period）T，**波長**（wave length）L がある．図 8.4 に示すように波動が表現され，半波長に対する波高の比を波形勾配とよび，津波が浅い海域に入った場合に勾配は急に

8.4 津波の諸量

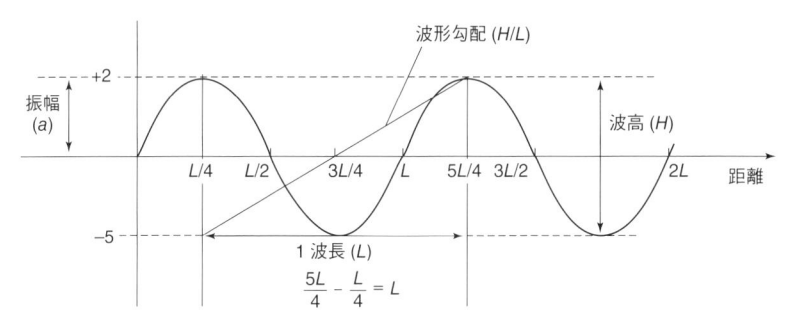

図 8.4 波の諸元

なり，最終的に砕波に至る．

$$y = a \sin(kx - \sigma t) \tag{8.3}$$

a：振幅，波高 H は $2a$，k：波数 $(= 2\pi/L)$，σ：周波数 $(= 2\pi/T)$

(T：(8.4) 式参照)

さらに，水深に対する波高の比を水深波高比とよび，相対的な波の大きさまたは非線形性を表す．また，水深に対する波長の比を水深波長比とよび，この比が小さい場合には**長波**（long wave）（**浅海波**（shallow water wave）），大きい場合には，**表面波**（surface wave）（**深海波**（deep water wave））と分類される．

図 8.4 において，波の波高 H は山部から谷部への高さとなる．紛らわしい言葉として，「高さ」という定義もある．津波の場合には，図 8.5 に示したような通常の海面（潮位）から正に変位した高さを，**津波高さ**（tsunami height）とする．この高さは，陸上への遡上などの影響に関係するために，防災・減災上重要なパラメータとなる．津波の波高と津波高さは，定義が異なるので注意が必要である．

津波の初動（正でも負でも）の現れる時間を**到達時間**（arrival time）とよび，最大波高（高さでもよい）が生じる時間を最大波高（高さ）出現時間とよぶ．最終的に，津波が減衰し，確認できなくなった時点が津波の収束時間であり，津波警報解除の際に重要となる．なお，実務的には，海域で津波により被害などの影響が出る高さは 20 cm 程度といわれ，この現れる時間を影響出現時間とよぶ．海面が最高のレベルに達したときが**津波最高水位**（maximum water level，最大

第 8 章 津波の発生

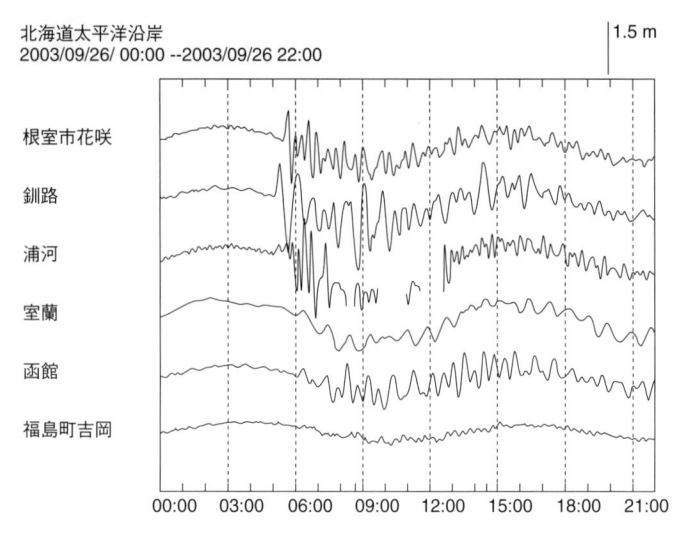

図 8.5 検潮記録で観測された津波成分と潮位成分
（2003 年十勝沖地震津波，北海道太平洋沿岸，気象庁）

水位上昇量）であり，水面が低下し最低になったときが**津波最低水位**（minimum water level，最大水位低下量）となる．これらは最大津波高さや最大津波波高とは定義が異なる．

海底の断層運動に伴う海底変位で生じる場合には，その空間的な広がりが津波の周期を決定し，鉛直変位が初期の津波波高を支配する．海底変位は実際に複雑であり，多用な津波周期成分が存在するが，主要または代表周期 T は以下の式で関係づけられる．

$$T = \frac{2L \, \text{または} \, 2W}{\sqrt{gh}} \tag{8.4}$$

ここで，L, W は断層の長さと幅，h は水深，g は重力加速度である．

断層の規模だけでなく，位置（深さや水深），さらには動的な挙動により，津波の規模が変化する．代表的な海底地震による津波の発生および伝幡の状況として，1896 年明治三陸沖地震津波の計算例を示す．水平スケールで数十〜百 km の範囲で，数 m の上下変動により，対応した海面の変位が生まれ，海域（海洋）全体にその影響が伝わっていく（図 8.6 参照）．

波動を分類する場合に，周期がパラメータとして用いられることが多い．こ

8.4 津波の諸量

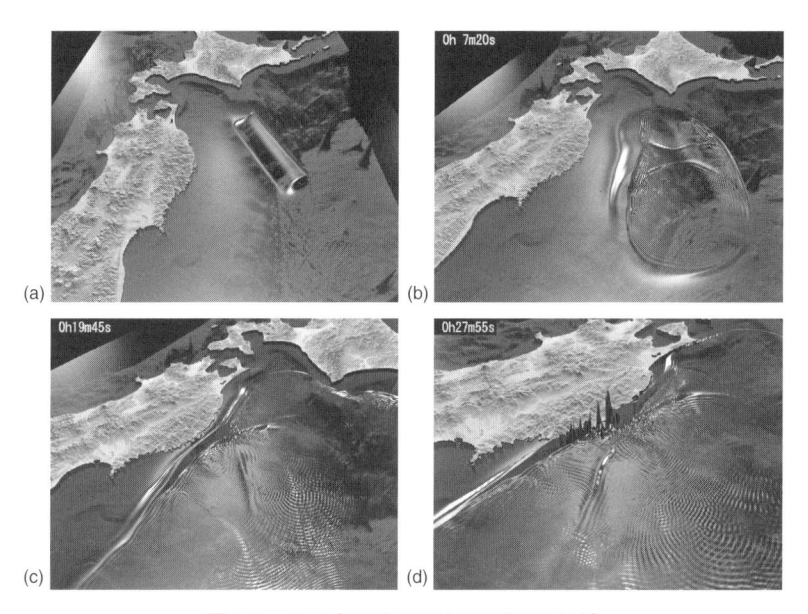

図 8.6 1896 年明治三陸沖地震津波の伝播
(a) 発生時, (b) 7 分 20 秒後, (c) 19 分 45 秒後, (d) 27 分 55 秒後の津波波形.

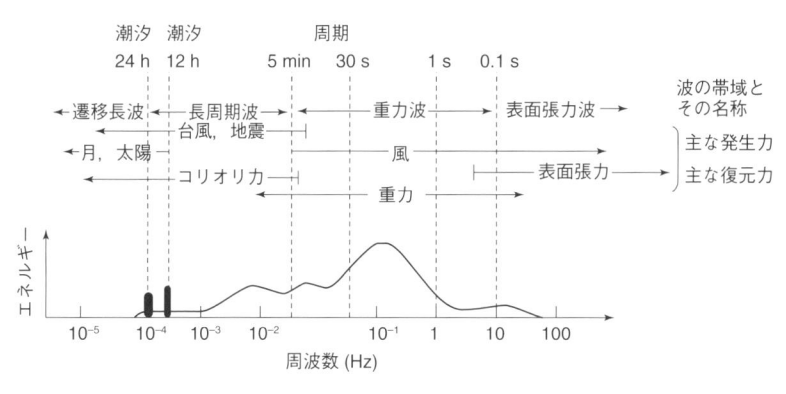

図 8.7 周期による波の分類
一番下の部分は各波のエネルギー程度を示す. (堀川, 1977)

第 8 章 津波の発生

表 8.1 地球上での現象の原因と復元力

現象	原因	復元力
表面波	風	表面張力
通常の風波	風など	重力
津波	地震	重力
高潮，高波	暴風	低気圧，重力
潮汐	天体・潮汐力	コリオリ力

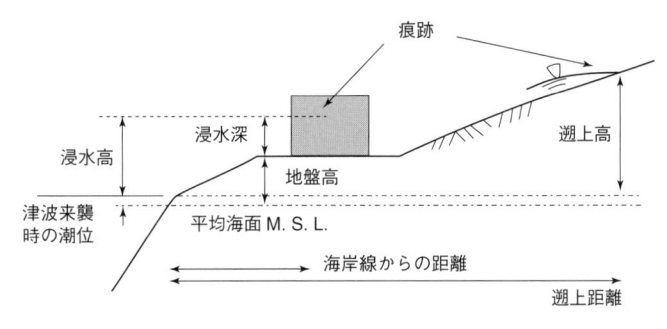

図 8.8 陸域での津波の諸元

れは最も観測しやすいパラメータであり，波の性質を代表している．図 8.7 には，地球で観測される波動の相対的なエネルギーを推定した結果を示す．日常においては，周期数秒から 10 秒程度の風波，および半日・1 日周期の**潮汐**（tide）が支配的である．そのほか，周期数分から数時間の長周期に分類される，高潮，津波，さらには，数秒以下の**表面張力波**（capillary wave）が見られる．

波動は往復運動であるので，原因とそれとバランスする復元力が必要である．表 8.1 に示すようにさまざまな原因とそれが継続・伝播するための復元力がある．水の波とは，水面があることにより生じる波動運動である．

津波が陸域に浸入した場合，さらにさまざまな諸元がある．まず，津波の遡上先端の高さを遡上高さ（津波来襲時の海面からの高さになるが，歴史データなどでは地盤基準面たとえば，平均海面（mean sea level, M.S.L.）や日本での T.P.（Tokyo Pale，東京湾平均海面）からの高さになっている場合があるので注意が必要である）．次に，浸水域内では，浸水高さまたは深さ（浸水深，地盤からの高さ）と浸水高またはレベル（ある海面からの高さ）がある（図 8.8）．

8.5 津波の規模と強度

地震のマグニチュードや規模に対応するものである．津波マグニチュード（M_t）について，沿岸での津波記録を使い，Abe（1981）が M_t を定義した．

$$M_t = \log H + \log R + 5.80 \tag{8.5}$$

ここで，R(km) は波源より観測点などの海上最短距離であり，H(m) は各検潮記録上での最大振幅（波高）である．定数 5.80 は，日本周辺の太平洋での近地津波に対するもので，対象領域や**遠地津波**（far-field tsunami）の場合には値が異なる．M_t は地震のモーメントマグニチュード M_w との対応が良く，表面波マグニチュード M_s より過大の場合がある．とくに，この差が大きい場合を津波地震とよぶ（通常は，地震より津波のほうが大きい）．

M_t は，発生した津波の全エネルギーの表現であり，各津波の代表的規模の議論には役立つが，各地域での津波被害を十分説明できない．そこで，津波の被害そのものに着目した指標が**津波強度**（tsunami intensity）である．初めて被害程度を 6 段階に分類し，（1）very light,（2）light,（3）rather strong,（4）strong,（5）very strong,（6）disastrous とした．さらに，Papadopolous and Imamura（2001）はさらに詳細に分類し，12 段階に分けている．特徴としては，（1）人間への影響，（2）船などへの影響，（3）建物への被害，となっている．さらに，津波強度 i を津波波高 H に関係づけたのが，首藤（1993）であり，

表 8.2 津波強度と代表的な被害（首藤（1993）に加筆）

津波強度	0	1	2	3	4	5
津波波高（m）	1	2	4	8	16	32
木造家屋	部分的破壊	全面破壊				
石造家屋			持ちこたえる		全面破壊	
鉄筋コンクリート家屋			持ちこたえる		全面被害	
漁船		被害発生	被害率 50%		被害率 100%	
防潮林		被害軽減，漂流物阻止，津波軽減		部分的被害，漂流物阻止	全面被害，無効果	
養殖筏	被害発生					
沿岸集落		被害発生	被害率 50%		被害率 100%	

$$i = \log_2 H \tag{8.6}$$

となる．この津波強度は，表8.2のように分類されている．

参考文献

[1] Abe, K.（1981）Physical size of tsunamigenic earthquakes of the northwestern Pacific, *Physical Earth and Planet Inter.*, **27**, 194-205.
[2] Aida, I.（1969）Numerical Experiments for tsunamis caused by moving deformations of the sea bottom, *Bulletin of the Earthquake Research Institute*, **47**, 849-862.
[3] 伴 一彦・高岡一章・山木 滋（2001）数値シミュレーションによる1741年（寛保元年）津波の波源モデルに関する考察，東北大学津波工学研究報告，**18**，131-140.
[4] 堀川清司（1977）『海岸工学』，東京大学出版会．317p.
[5] 今村文彦（1998）15年間における津波数値計算の発展と今後，月刊海洋号外「津波研究の最前線」，**15**, 89-98.
[6] 今村文彦・松本智裕（1998）1741年渡島大島津波の痕跡調査，東北大学津波工学研究報告，**15**，85-105.
[7] 今村文彦・前野 深（2009）火山性津波,『火山爆発に迫る—噴火メカニズムの解明と火山災害の軽減』（井田喜明・谷口宏充 編）pp.161-173，東京大学出版会．
[8] Mansinha, L. and Smylie, D. E.（1971）The displacement field of inclined faults, *Bull. Seism. Sco. Am.*, **61**, 1433-1440.
[9] Okada, Y.（1985）Surface deformation due to shear and tensile faults in a half-space, *Bull. Seism. Sco. Am.*, **61**, 1135-1154.
[10] Papadopolous, G. A. and Imamura, F.（2001）A proposal for a new tsunami intensity scale, Proc. Int. Tsunami Symp., 2001, pp.569-577.
[11] Satake, K.（2001）Tsunami modeling from submarine landslides. Proc. Int. Tsunami Symp., 2001, pp.665-674.
[12] 首藤伸夫（1993）津波強度と被害，東北大学災害制御研究センター津波工学研究報告，**9**, 101-138.
[13] Steketee, J. A.（1958）On Volterra's dislocation in a semi-infinite elastic medium, *Can. J. Phys.*, **36**, 192-205.
[14] 渡辺偉夫（1985）『日本被害津波総覧』，東京大学出版会．206p.

第9章 海洋・沿岸での伝播

9.1 波動理論（表面波理論）

水面変化が与えられて波動が発生したのち，その運動は水表面を伝播し，各地に到達することになる（図9.1）．この運動は，流体の方程式で表現され，**非圧縮性**（imcopressible）・**非回転**（irrotational）の仮定の下，**質量保存式**（mass conservation）（連続の式）と**運動量保存式**（momentum conservation）（オイラー（Euler）の運動式）に支配されることになる．(9.1) 式は，x–z 断面二次元を考えた場合の基礎方程式である．未知数は，x–z 方向の流速 (u, w) と圧力 (p) であり，3つの方程式を連立させて，これらを時間発展的に解くことになる．

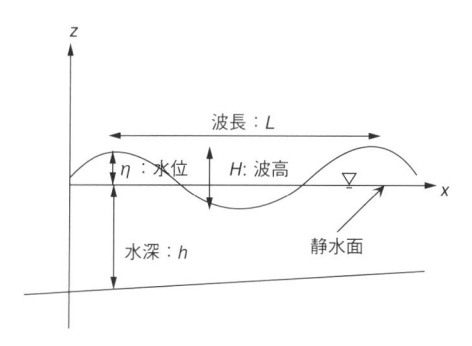

図 9.1 波動運動の表現

第 9 章 海洋・沿岸での伝播

$$\frac{\partial u}{\partial x} + \frac{\partial w}{\partial z} = 0$$
$$\frac{\partial u}{\partial t} + u\frac{\partial u}{\partial x} + w\frac{\partial u}{\partial z} + \frac{1}{\rho}\frac{\partial p}{\partial x} + \frac{1}{\rho}\left(\frac{\partial \tau_{xx}}{\partial x} + \frac{\partial \tau_{xz}}{\partial z}\right) = 0 \quad (9.1)$$
$$\frac{\partial w}{\partial t} + u\frac{\partial w}{\partial x} + w\frac{\partial w}{\partial z} + \frac{1}{\rho}\frac{\partial p}{\partial z} + \frac{1}{\rho}\left(\frac{\partial \tau_{xz}}{\partial x} + \frac{\partial \tau_{zz}}{\partial z}\right) = 0$$

ここで，ρ は海水密度，τ は海底せん断力である．

これらの方程式を基に実際に波動の解を求めるためには，空間的な境界条件が必要となる（詳細は堀川 (1973) を参照されたい）．波動運動の場合，以下に示す 2 種類の境界条件（力学的条件と運動学的条件）が与えられている．

$$\frac{\partial \phi}{\partial t} + \frac{1}{2}\left[\left(\frac{\partial \phi}{\partial x}\right)^2 + \left(\frac{\partial \phi}{\partial z}\right)^2\right] + \frac{p_0}{\rho} + gz = 0 \quad \text{（水表面での力学的条件）}$$

$$w = \frac{\partial \phi}{\partial z} = 0 \quad \text{（水平床での運動学的条件）}$$

$$w = \frac{\partial \eta}{\partial t} + u\frac{\partial \eta}{\partial x} \quad \text{または} \quad \frac{\partial \phi}{\partial z} = \frac{\partial \eta}{\partial t} + \frac{\partial \phi}{\partial x}\frac{\partial \eta}{\partial x} \quad \text{（水表面での運動学的条件）}$$

ここで，ϕ は速度ポテンシャル，η は水表面の高さである．

これらに初期条件を加えて，流体内部の未知量を時々刻々と解いていくことになる．

いま，**海底せん断力**（shear stress on sea bottom）τ は無視でき，水深波高比を小さいとして線形の仮定をすると，非線形項が無視でき，上式の境界条件が簡略化される．さらに，水面形 $\eta = a\sin(kx - \sigma t)$ を与えると，代表的な解（微少振幅表面波）として，流速や圧力が，

$$u = \frac{\partial \Phi}{\partial x} = a\sigma\frac{\cosh k(h+z)}{\sinh kh}\cos(kx - \sigma t)$$
$$w = \frac{\partial \Phi}{\partial z} = a\sigma\frac{\sinh k(h+z)}{\sinh kh}\sin(kx - \sigma t) \quad \text{流速の解} \quad (9.2)$$
$$\frac{p}{\rho} = -\frac{\partial \Phi}{\partial t} - gz = \frac{\cosh k(h+z)}{\cosh kh}g\eta - gz \quad \text{圧力の解} \quad (9.3)$$

ここで，波数分散関係式

$$\sigma^2 = gk\tanh(kh) \quad (9.4)$$

と与えられる．

図 9.2 には，(9.2) 式から得られる水粒子の軌跡を示す．波動運動により水粒

9.1 波動理論（表面波理論）

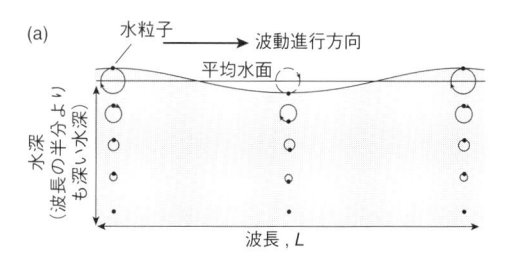

図 9.2 波動の位相と水粒子運動（表面波）

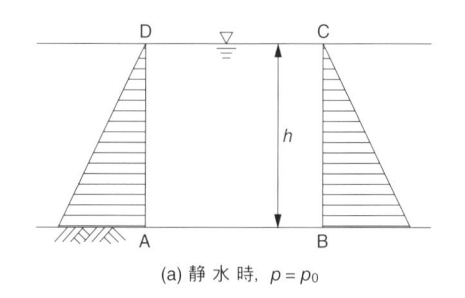

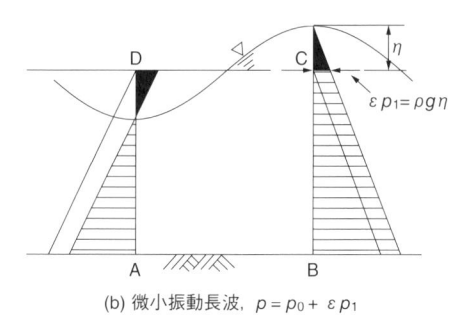

図 9.3 微少振幅長波運動による水圧の変化
表面波の場合には，これに波運動の圧力が加わる．

子は，大きく円状を描くが，水深が深くなるにつれてその半径は小さくなる．さらに，底面の影響を受けて楕円形状になる場合もある（図 9.4 も参照）．また，図 9.3 には，波動運動がない場合の水圧力（静水深分布）と波による圧力変化を示す．まず，大きな傾向として，波の谷部がくると水位が低下するため圧力は小さくなり，逆に山部がくると水位が増加し圧力は大きくなる（微少振幅長

波の成分)．なお，(9.3) 式の右辺第 1 項の関数が示すような，波動運動による圧力分布が加わり，水表面で大きく深さ方向に減衰していく．

一般に波動における速度は 3 種類がある．この理解は重要である．ひとつは水粒子の速度であり，もうひとつは**伝播速度**（または波速（celerity）），最後が**群速度**（group velocity，エネルギー速度）である．まず，**水粒子速度**（water particle velocity）は，水という物質の移動する速度であり，流れの速さ（流速）である．2 番目の伝播速度は，波形（山や谷）が伝わる速度である．通常，水深の浅い沿岸域にいくにつれ，伝幡速度は低下するが水粒子速度は逆に増加し，一致した場所で砕波という現象が起こる．最後は，波群という波エネルギーの塊の移動する速度であり，長波理論の場合には，波速と同じになる．

浅海の波高に対する沖合の波高の比をとり，**浅水係数**（shoaling coefficient）K_s を定義できる．ある 2 区間での**エネルギー流束**（energy flux，フラックス）一定の関係より，微少振幅，**屈折**（refraction）なしとした仮定により，

$$K_s = \frac{\eta}{\eta_0} = \sqrt{\frac{1}{2n}\frac{c_0}{c}} \quad \text{ここで，} \quad n = \frac{1}{2}\left(1 + \frac{4\pi h/L}{\sinh 4\pi h/L}\right) \tag{9.5}$$

が得られる．c は波速である．添え字 0 は沖合での値を示す．沖合での波高がわかれば，任意の水深 h での津波波高 η を推定することができる．

ただし，波の屈折や，非線形性が卓越して波形勾配が大きくなり，砕波などが起こるとエネルギー流束保存の前提が成立しなくなるので注意が必要である．

9.2　線形長波理論 − 波の変形，表面波との違い

代表的な海底の地震運動による津波の発生状況としては，水平スケールで数十〜100 km の範囲で，数〜数十 m の海底上下変動により，ほぼ同じ海面の変位が生まれる．これが周辺の海域（海洋）全体にその影響が伝わっていく．津波が海溝沿いで発生する場合は，水深が数千 m にもなるが，それでも波長が十分長いので，(9.2)〜(9.4) 式に対して次のように近似することができ，その結果，長波動理論が得られる．長波または浅水波は図 9.4 に示すように，水粒子運動が海底に達し，その影響を受けながら伝わることになる．そのため，海底付近でも流れが生じ，土砂や岩塊の移動が見られる場合がある．

いま，水深 h，波数 k ($= 2\pi/L$) の比をとり $kh \to 0$, $kh = \dfrac{2\pi}{L}h$，水深 ≪ 波

9.2 線形長波理論—波の変形，表面波との違い

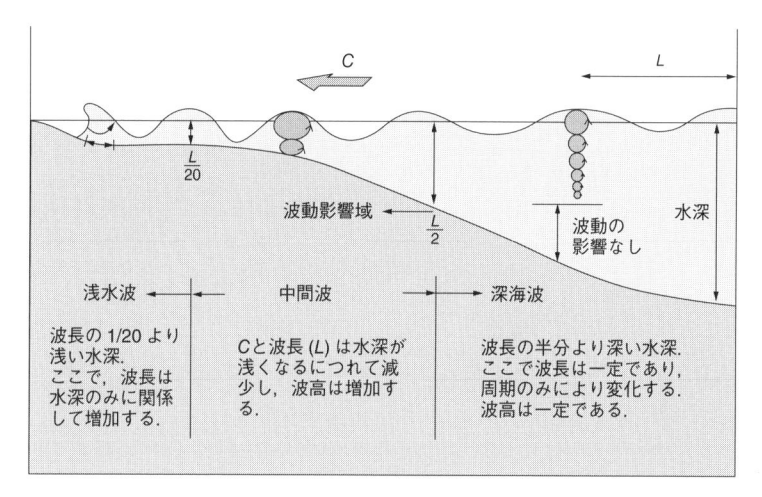

図 9.4 深海から浅海での波動の動き
(Park, 1999)

長とする．このとき，先ほどの微少振幅表面波の式は，以下のようになる．これを微少振幅長波または線形長波とよぶ．

$$u = a\sigma \cos(kx - \sigma t) = \sqrt{\frac{g}{h}}\eta$$

$$w = 0$$

$$\sigma^2 = gk^2 h \quad c = \sqrt{gh} \quad c_G = c \tag{9.6}$$

となる．ここで，c は波速，c_G は群速度である．

(9.6) 式は，波の伝播速度が水深だけの関数になり，津波の最重要な性質のひとつになる，伝播速度が波数によらない非分散性の波動である．また，水粒子の軌跡も海底の影響を受け，円運動から楕円運動に，さらには水平運動だけになる．

さらに，浅水係数を表す (9.5) 式で，同様に，$kh \to 0$ とすると，以下に示すグリーン（Green）の式が得られる

$$h^{1/4} H = \text{const.} \tag{9.7}$$

これにより，沖合での水深 h と波高 H が与えられれば，任意の水深での波高を推定することができる．簡便に波源からの各地での波高を推定する簡易的方法

の代表である.なお,(9.5) 式の注のように,非線形性が卓越する場合には成立しない.

9.3 非線形性および分散性

波動を解析しようとする場合,波動論において**非線形性**(non-linearity)と**波数分散性**(dispersive)が重要なパラメータとなる.非線形性は,その波高と水深との比に関連し,水深が浅くなるにつれ影響を増して,波高の増幅や波形の前傾化などの現象が生じる.津波を再現する理論では,目安として 50 m 以上の深海では線形長波理論,それ以下の浅海では非線形長波理論が用いられている.一方,波数分散性は,その波長に対する水深の比に関係し,波長によってその波速が変化するという性質をもつ.(9.4) 式で示したとおりであるが,津波のような長い周期の波に対してはその分散性の効果が小さいという長波理論が適用できる.

さて,(9.1) 式での z 方向の運動式において,鉛直方向の加速度が重力成分より小さいとすると,以下のように圧力が静水圧に近似され,境界条件を用いると,(9.8) 式が得られる.

$$\frac{1}{\rho}\frac{\partial p}{\partial z} = 0 \tag{9.8}$$

$$\frac{\partial \eta}{\partial t} + \frac{\partial M}{\partial x} = 0 \tag{9.9}$$

$$\frac{\partial M}{\partial t} + \frac{\partial}{\partial x}\left(\frac{M^2}{D}\right) + gD\frac{\partial \eta}{\partial x} + \frac{\tau_x}{\rho} = 0 \tag{9.10}$$

ここで,D は全水深であり $h+\eta$,$M = \int_{-\eta}^{\eta} u\,dz = u(h+\eta) = uD$ である.

2 次伝播での非線形長波理論の式である.(9.1) 式の連続の式と連立させ,未知量である水位,流量(流速の積分値)を時間発展的に解いていく.(9.9),(9.10) 式は質量と運動量の保存式であり,ここでは海底摩擦項を含む.

上式は時間発展方程式であるので,水位に関する初期値を与えれば,時々刻々の水位や流量を求めることができる.数値計算方法としては,差分法や有限要素法が用いられているが,実際問題への適用と数値誤差解析が進んでいることから,前者のほうが広く使われている.

両式の左辺第 2 項と第 3 項が移流項でありこれを消去し，第 4 項の圧力項の D を静水深 h に近似すれば線形長波理論になる．いま，h を一定にすると，

$$\frac{\partial \eta}{\partial t} + h\frac{\partial u}{\partial x} = 0$$
$$\frac{\partial u}{\partial t} + g\frac{\partial \eta}{\partial x} = 0 \tag{9.11}$$

これから，波動方程式である $\frac{\partial^2 \eta}{\partial t^2} - gh\frac{\partial^2 \eta}{\partial x^2} = 0$（ここで，$c = \sqrt{gh}$）が導かれる．これから**進行波**（progressive wave）と**後退波**（regressive wave）の関係式も得られる．さらに，有限振幅である浅水理論（非線形長波理論）になると，

$$\frac{\partial \eta}{\partial t} + \frac{\partial}{\partial x}[(h+\eta)u] = 0$$
$$\frac{\partial u}{\partial t} + u\frac{\partial u}{\partial x}g\frac{\partial \eta}{\partial x} = 0 \tag{9.12}$$
$$c = \sqrt{g(h+\eta)}$$

に変形され，さらに，非線形分散波理論では

$$\frac{\partial \eta}{\partial t} + \frac{\partial}{\partial x}[(h+\eta)u] = 0$$
$$\frac{\partial u}{\partial t} + u\frac{\partial u}{\partial x}g\frac{\partial \eta}{\partial x} = \frac{h^2}{3}\frac{\partial^3 u}{\partial t \partial x^2} \tag{9.13}$$
$$\frac{c}{\sqrt{gh}} = 1 - \frac{1}{3}(kh)^2$$

となる．以上の 3 種類（線形，非線形，非線形分散性）が津波を扱う場合の長波理論の基礎となる．それぞれの使用区分としては，水深 50 m より深い場合には線形理論，浅くなると非線形理論が適用される．とくに，海底地形などの効果で短周期卓越する場合，たとえば，河川遡上の場合などでは，非線形分散理論を適用するとよい．いずれも，水面と流速を 2 つの方程式で時間発展的に解くことになる．境界条件としては，陸域での反射または遡上条件，海域では透過条件が設定される．これらを実際問題として解くためには，数値解析手法が不可欠であり，これらについては首藤ほか（2007）を参照されたい．

9.4 エネルギーの指向性

津波のエネルギー指向性（energy directivity）とは，津波波源から見てある

方向に波高の大きい成分が放出されることをいう．一般に，**津波波源**（tsunami source）での水位分布は均一でなく非一様な分布をもち，その形状も同心円状をもつわけでなく楕円形など複雑な形状を有している．この水面分布が変化するために周囲の水面との異なる水位差が生じ，これが原因となってまわりの水塊が移動するため，一様に波動が伝播しないからである．このように指向性の生じる原因としては波源の形状もあり，さらに，海底地形および断層運動に起因するものとがある．

まず，波源の形状による指向性は以下のとおりである．断層運動による津波の波源域は，海底の変動域と対応して長方形または楕円形に近似でき，短軸または長軸方向に波高の大きい成分が観測される．指向性の原因は，点波源と線波源との比較で理解できる．点波源から伝播する波は同心円上に広がり，どの方向の成分も同じである．一方，線波源から伝播する波は直線に直な方向のみ（一直線に）に伝播し，きわめて方向性が強い波動伝播となる．今，有限な長方形領域を考えると，角部と辺部から放出される成分があり，前者は点波源に後者は線波源に対応するため，辺部からの波は方向性をもち，エネルギーの指向性が現れるのである．

次に海底地形による指向性は以下のように説明できる．海溝沿いなどでは斜めの海底勾配が一定の深海部（外洋）に続いており，この場合には，波源形状による指向性がなくとも，沿岸に到達する波の高さに対して方位に依存した分布が生じる．たとえば，斜面上に点波源を考えた場合には，はじめに各方向に一様な波高の成分が伝播するが，屈折現象によって，外洋側に放出される成分と沿岸に捕捉される成分が生じる．幾何光学におけるスネル（Snell）の法則によれば，入射角度と伝播速度の違いにより屈折後の角度が決まり，入射角度または速度変化が大きい場合には，屈折後の角度が90°を超える場合がある．これは臨界角とよばれ，外海に放出されずに沿岸に捕捉される条件となる．このような屈折現象により，点波源の場合でも沿岸への集中が見られ，徐々に波高を増加させる現象が見られる．

最後に，断層運動による指向性であるが，これは，破壊の進行方向とその逆方向で生じる波高が異なる現象である．ドップラー効果により進行方向では波高が増幅し，その後方は逆に低下することに起因する．これは，破壊速度と津波の伝播速度の比に関係し，破壊速度が相対的に小さくなるほど指向性が大き

くなる．

以上の性質は，津波発生域からどの方向で津波が大きくなるのかを理解するための重要な点である．

9.5 外洋の津波伝播

波源から対象とする沿岸まで1時間以上伝播する津波を**遠地津波**（far-field tsunami），それ以下を**近地津波**（near-field tsunami）と分類している．これは，警報時間などを考慮して便宜的に定義したもので，津波本来の特性が違うわけではない．ただし，以下に示すように長距離の伝播により，波数分散性が無視できなくなるという伝幡過程の違いはある．

1時間以上の長距離を伝播する場合には，大部分が深海を伝わることになり，今まで長波近似の中で省略できた波数分散性が無視できなくなる．また，地球回転の影響であるコリオリ力も無視できなくなるなど，取り扱うべき支配方程式も変化する．また，地球上での1,000 km以上の領域を直交座標系で表示することも困難になるので，以下のような，地球座標系による遠地津波の支配方程式を用いる．

$$\frac{\partial \eta}{\partial t} + \frac{1}{R\cos\theta}\left(\frac{\partial}{\partial \lambda} + \frac{\partial}{\partial \theta}(N\cos\theta)\right) = 0 \tag{9.14}$$

$$\frac{\partial M}{\partial t} + \frac{gh}{R\cos\theta}\frac{\partial \eta}{\partial \lambda} = -fN + \frac{1}{R\cos\theta}\frac{\partial}{\partial \lambda}\left(\frac{h^3}{3}F\right) \tag{9.15}$$

$$\frac{\partial N}{\partial t} + \frac{gh}{R}\frac{\partial \eta}{\partial \theta} = fM + \frac{1}{R}\frac{\partial}{\partial \lambda}\left(\frac{h^3}{3}F\right) \tag{9.16}$$

$$F = \frac{1}{R\cos\theta}\left(\frac{\partial^2 u}{\partial \lambda \partial t} + \frac{\partial^2}{\partial \theta \partial t}(v\cos\theta)\right), \quad u = \frac{M}{h}, \quad v = \frac{N}{h}$$

ここで，gは重力加速度，hは水深である．

理論的に，上式を導く過程や伝播特性については，今村ほか（1990）などを参照されたい．また，**数値分散性**（numerical dispersion）を**物理分散性**（physical dispersion）に等価に調整することにより，計算時間だけでなく精度を向上させることを可能としている．

伝播速度は，水深4,000 mでは時速720 km（秒速200 m s^{-1}）にも及ぶ．2004年インド洋大津波では，震源に近いタイ沿岸部とはるかに遠くに位置するスリ

第 9 章 海洋・沿岸での伝播

図 9.5 インド洋大津波の伝播
発生後，(a) が 20 分後，(b) が 1 時間半後．

ランカの沿岸部に，ほぼ同時刻に津波が来襲している．これは，それぞれの地点での途中の海底水深が違うからである（図 9.5 参照）．

9.6 散乱・屈折

エネルギー指向性の説明にあった屈折は，スネルの法則に従い，伝播速度の違いのために波向き線が変化していく現象である．長波である津波の伝播速度は水深に依存するために，海底が変わると速度も変化し，屈折現象が起こる．集中または発散する場所が見られ，この屈折現象により津波高さやエネルギーが大きく変わる．1993 年北海道南西沖地震津波の奥尻島での例にあるように，島回りの計算ではエネルギーの捕捉などが重要であり，浅海域での屈折の変化により津波の集中箇所の違いが生じて，沿岸での波高分布に大きな差が生じる．

この屈折現象を正確に解析するためには，海底地形に応じて十分な分割数が必要となる．一様斜面に，ある角度で入射した津波は屈折現象により波向きを変化しながら汀線へ到達する．一方，このような場合に，斜面を有限格子に分割すると，格子上では水深が一定となるため屈折が起こり難くなり，沿岸への到達位置が変化する．この点に注目して，佐山ら（1986）は屈折計算精度の評価を行った．しかし，波向き線に関してはこの方法で可能であるが，屈折係数に対しては検討ができない．なぜなら，すべての波向き線は，斜面へ同じ角度で入射するため斜面上ではまったく同じ屈折現象になり，汀線に到達しても波向き線間隔に違いが生じなくなるためである．この原因は，斜面に同じ角度で入射するという条件からきている．図 9.6 にあるように，この条件を修正し，斜

9.6 散乱・屈折

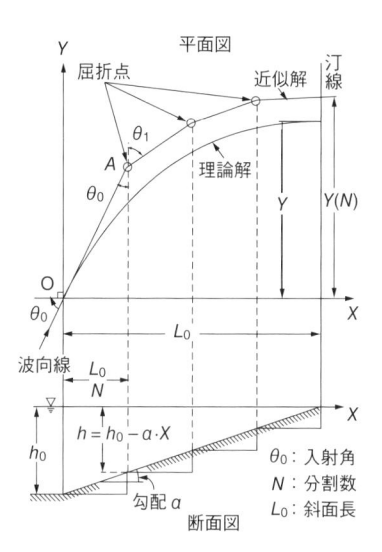

図 9.6 波向線と座標系

面（y 軸）に到達する手前で，ある伝播方向をもつ波向線を仮定する．この伝播方向が沖合いでの本来の入射角度となる．今，スネルの法則を用いると，連続的な斜面上（勾配 α）の汀線での位置を表す Y の解析解は，

$$Y = \frac{h_0}{\alpha \sin^2 \theta_0}[\theta_0 - \sin^{-1}(\beta \sin \theta_0)] + \frac{h_0}{\alpha \sin^2 \theta_0}\left(\beta\sqrt{1-\beta^2 \sin^2 \theta_0} - \cos \theta_0\right) \tag{9.17}$$

ここで，$\beta = \sqrt{1-(\alpha X/h_0)}$，$\theta_0$ は波向き入射角度，h_0 はそこでの水深，α は斜面角度である．一方，斜面をある間隔で分割（離散化）する（分割数 N）と，その数値（離散）解は，

$$Y(N) = \frac{L_0}{N}\left[\sum_{n=0}^{N} \tan\left(\sin^{-1}\sqrt{1-\frac{n}{N}\sin \theta_0}\right)\right] \tag{9.18}$$

ここで，L_0 は斜面の長さである．この解析解と数値解の差を小さくする工夫が必要であり，格子サイズ（分割数）に依存していることがわかる．これらを利用して必要な分割数の目安をつけることができる．

エッジ波（edge wave）は，屈折現象に加え境界（陸域）での反射により生じる現象である．通常，波源から直接伝播する津波の波形は比較的単純であり，

通常は第一波が最も大きい．しかし，実際に沿岸で観測された津波は，その第一波が大きいとは限らず，最大波の到達が大分遅れて現れることが多い．これは，津波が**陸棚**（continental shelf）や**海嶺**（ocean ridge），**海溝**（trench）斜面を伝播する境界波（エッジ波）的な振舞いをするからである．津波が深海から浅海へ，さらに浅海から深海へ伝播するとき，屈折現象によりサイクロイド形（cycloid）の進行経路をとって海岸線に到達し，反射の後に沖合い方向へと向きを変えるが，拘束現象によりサイクロイド形の経路をふたたび描いて海岸へ戻るということを繰り返す．岸沖方向の周期が長いものほど深い海域を長く伝播することになるので，その速度が速くしかも描くサイクロイドが大きくなる．この結果，津波は通常の風波のように波形曲率による波数分散性をもつことはないが，境界付近ではエッジ波として振る舞い，長い周期成分ほど伝播速度が速くなるという地形性の分散性をもつことになる．これが最大波の遅れる原因となる．

一方，海山など円筒形の島の周辺は，特殊な挙動を示す．海底の急勾配により，波向き線は急激に曲げられる．陸域がある場合には，その汀線に直角に入射するようになり，そこで反射し，同心円状に反射波が伝播することになる．2006年千島沖地震津波の際には，天皇海山列での**散乱波**（scattering wave）が発生し，反射波として日本に戻ってきている．この影響もあり，発生6，7時間後に最大波を記録した地域もある．詳細は，越村ほか（2007）を参照されたい．海山列や海嶺により励起される散乱波については解析的に検討され，とくに，海山の空間的なスケールが津波波長より短い場合には，散乱波が励起されやすいことが示されている．

9.7 浅水変形 — 津波が浅海で増加する理由

沿岸に近づくにつれ水深が浅くなり津波の波高を増加させる．これを浅水変形とよぶ．伝播途中において津波の周期は一定であるが，水深により伝播速度が変化するために，各点での伝播速度が変化し，波長が短くなったり長くなったりする．海底斜面上を伝播する津波を想定すると，その先端では水深が浅いために速度が低下するので後方が追いつくようになり，その間隔が短くなるのである．1波長あたりのエネルギーは一定であるので，間隔が狭くなった分だ

9.7 浅水変形—津波が浅海で増加する理由

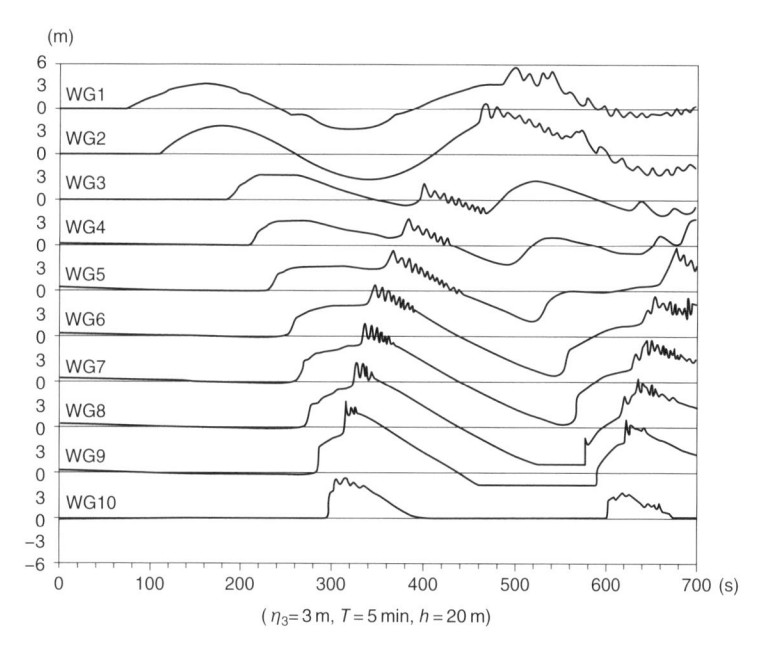

図 9.7 浅海域に入る津波
WG1 から WG10 へ水深は徐々に浅くなる．浅くなると波先端で勾配が大きく波高が増幅する．さらに波先端で分裂が見られる．

け上方向に波高が増加せざるをえないのである．

また一方，岬や遠浅海岸など，等水深線が海底波源方向に突き出た形をしている場合にも，エネルギーの指向性で述べた屈折効果により波が集中し，波高が増加する．さらに，三陸海岸のように大小の湾が存在し，複雑な海岸線を有する場合には，湾口から進入した津波は幅の狭い湾奥へと進み，エネルギー消耗や反射などがない場合には，幅が狭くなった分だけ波高が増加する．水深と幅による波高の変化は，線形理論から導かれるグリーンの定理により知られている．

図 9.7 は，海水路を伝播する津波の時系列波形で，水路中の何点かに，波高計を設置して観測したものである．この位置は，地点 WG1 が沖側で WG10 まで徐々に浅くなる．

浅水域での伝播速度は，

第 9 章 海洋・沿岸での伝播

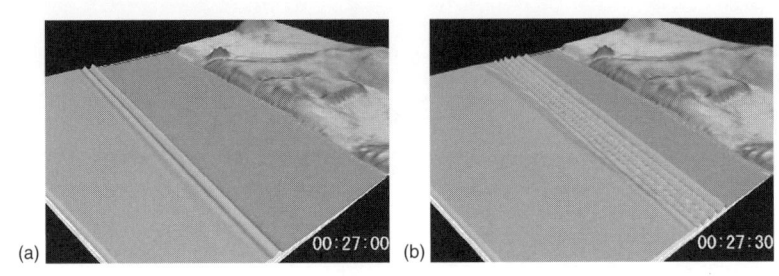

図 9.8 沿岸に浸入する分裂波
1983（昭和 58）年日本海中部地震津波．(a) 浅水理論，(b) 非線形分散波理論．

$$c = \sqrt{g(h+\eta)} \tag{9.19}$$

で示されており，山部ほど速度が速くなり，結果，波形勾配が大きくなる．また，第二波は第一波の押し波による水位上昇により，速度が速くなり，追いつく様子がわかる．第二波の波形勾配は急速に大きくなり，その先端では，ソリトン（soliton）分裂が見られる．図 9.8 は数値シミュレーションにより沿岸に浸入する津波の様子を示したものであり，図 9.8b のように浸入してくる津波は，途中で，波高を増加させながら波数分裂が起こり，複雑な様子を示している．

9.8　波状性段波と砕波

波先端部（wave front）での波高が増加すると，そこでの波速が増加し，前面波形が急勾配になり，段波状になる．とくに，遠浅海岸においては，穏やかに水深が浅くなるために，段波状になると同時に波数分散性により短周期波数成分が波先端部の後方に現れるようになる．これを**波状性段波**（undular bore）とよぶ．1983 年日本海中部地震や 2004 年インド洋大津波のタイ沿岸部で観測されている．非線形性と分散性がバランスをとるとソリトン波として形状を保ちながら伝播することになる．

さらに，前面波形勾配が増加し，沿岸に近くなると**砕波**（breaking）する．砕波とは，沖合いから浅海域に波が進入すると，波高が変化し，水深が波高に近づいた時点で，前方へとくずれる現象である．水粒子速度が波速と一致したときに生じるとの定義もある．一般に，砕波発生位置は水深との比較で議論され

表 9.1 海底勾配と砕波のタイプ

崩れ波	spilling breaker	勾配の緩い浜
巻き波	plunging breaker	中程度の浜
くだけ寄せ波	surging breaker	急勾配の浜

ており，砕波の起こる水深，砕波の波高は波の周期，海底の勾配によって異なるが，砕波したときの波高が沖での波高の 2 倍以上になる場合もある．

砕波のタイプを表 9.1 に掲げる．それぞれ，海底勾配との関係で生じるといわれている．

9.9　湾内の津波 − 共振現象

湾などの閉鎖海域に入ると，振動現象が生じることがある．湾のもつ**固有振動**（natural frequency）と津波の周期が一致すると**共振現象**（resonance）が生じ，湾奥などで大きな振幅が現れる．はじめの波高は小さいが，湾口から湾奥へ行き来するなかで増幅され，後からの波高が大きくなる．

V 字形湾でなく閉鎖性の湾や内海では，入射する津波の周期によっては大きく波高を増幅する場合がある．これは，エネルギー保存則による波高増幅ではなく，共振現象として理解される．津波の周期が湾などの固有周期に一致した場合に生じる現象である．公園のブランコなどの経験から，一定の間隔に自分の体を揺すった場合のみブランコは大きく振れ，それ以外のタイミングではうまくいかない．これは，ブランコの長さに関係する固有振動に合わせて力を加えた結果であり，振動の振幅が徐々に増加していく．これと同様に，湾内で固有振動するタイミングに合わせて津波が入射すると，その振幅は大きくなる．

過去，近地津波では被害の小さかった大きな湾においても，1960 年のチリ津波のような周期の長い遠地津波が来襲した場合には，湾奥で波高が増幅し被害を大きくした例がある．

このような共振現象や浅水変形により，津波発生時には緩やかな水面変化であった津波は，浅海域で波形の勾配を増加させ，湾や港で振動して大きくなる波動をもつ．沖合に出た船は津波を感じることさえも難しい場合がある一方，浅い海域では，大きな波として破壊力を増加させるのである．そのため，津（浅

海や湾も含む) での波とよばれるゆえんである．

参考文献

[1] 堀川清司（1973）『海岸工学』，東京大学出版会．
[2] 今村文彦・首藤伸夫・後藤智明（1990）遠地津波の数値計算に関する研究 その 2 太平洋を伝播する津波の挙動，地震第 2 輯 **43**, 389-402.
[3] 越村俊一・宗本金吾ほか（2007）2006 年千島列島沖地震津波の伝幡特性における天皇海山列の影響評価，海岸工学論文集，**54**，171-175.
[4] Park, D.（1999）"Waves, tides and shallow-water processes", the Open University. 227p.
[5] 佐山順二・後藤智明・首藤伸夫（1986）屈折に関する津波数値計算の誤差，第 33 回海岸工学講演会論文集，pp.204-208.
[6] 首藤伸夫・今村文彦ほか（2007）『津波の事典』，朝倉書店．350p.

第10章 陸上での挙動と関連現象

10.1 沿岸から陸域での津波挙動の特徴

　津波は深海から浅海を経由して沿岸に達する．通常の海水面より津波の水位が上昇するとそれが押し波となって陸上または河川を**遡上**（runup）する．一般には，浅海域で水深（または全水深である水深と水位の合計）の減少により津波の伝播速度は遅くなり水粒子速度に近づく．水粒子速度が伝播速度を超えると津波先端は砕波に至る（9.8 節参照）．

　砕波後も津波は波状段波となり伝播または遡上を続ける．やがて，陸上部または河川部での底面摩擦や構造物などにより津波のエネルギー減衰が生じながら遡上が終わり（図 10.1 参照），その後，逆に海域へ**戻り流れ**（return flow）となって逆流する．陸上部での地形勾配が大きいときには，重力の斜面分力も加わり戻り流れは加速されて，大きな流速が生じる．その結果，海岸線などで浸食なども見られる．津波は何波も押し寄せ，このような状況が長時間続く，大変複雑な現象である（図 10.2 参照）．

　河口域や河川敷は周辺の陸地よりも地盤高が低いために，津波は容易に浸入する．2003 年十勝沖地震の際には，十勝川を遡上する津波の様子が陸上自衛隊により撮影され（図 10.3），実際に 11 km も上流に遡上したことが報告されている．沿岸からかなり離れた場所でも津波が来襲する可能性を示しており，釣り人や河川沿岸の住民への注意喚起が必要である．

　2004 年インド洋大津波のインドネシア・バンダアチェ市は，津波による被害

第 10 章 陸上での挙動と関連現象

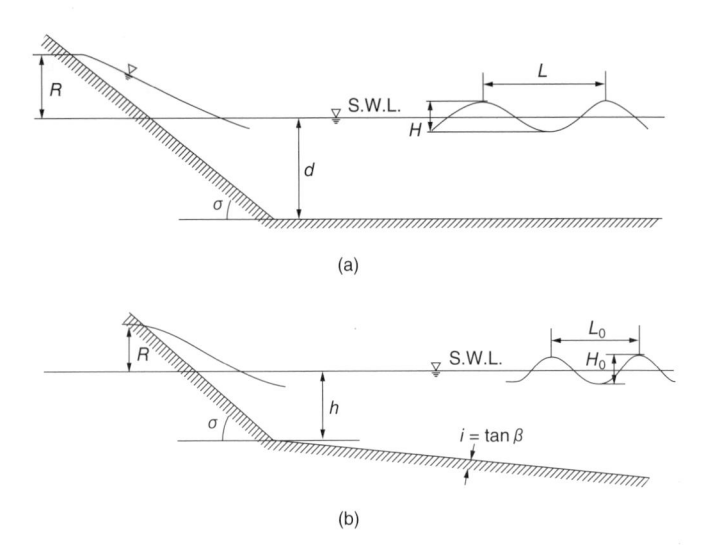

図 10.1 津波の陸上遡上
L_0：沖での波長，H_0：沖での波高，L：波長，H：波高．

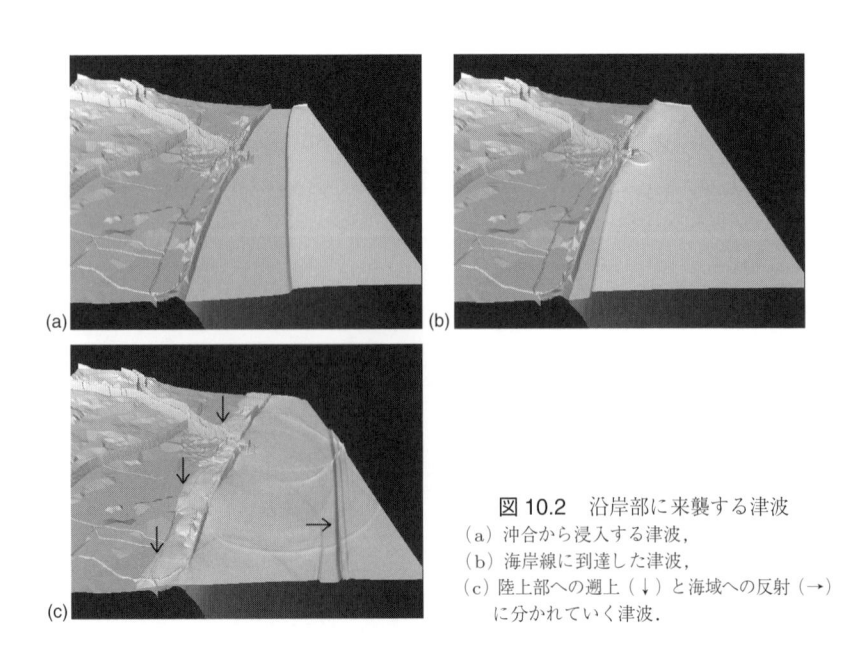

図 10.2 沿岸部に来襲する津波
（a）沖合から浸入する津波，
（b）海岸線に到達した津波，
（c）陸上部への遡上（↓）と海域への反射（→）に分かれていく津波．

図10.3 2003年十勝沖地震での十勝川を遡上する津波（陸上自衛隊撮影）

が最も大きかった地域のひとつである．スマトラ島北部に位置する海岸から約5kmも内陸に入った場所へも津波が来襲し，街の主要部分を飲み込んでいった．沖合で非常に大きなエネルギーをもった津波であったので，陸上に遡上しても衰えることなく内陸に浸入していったのである．ここでは，浸水深は沿岸部で10m程度，内陸ではわずか3～6m程度であったが，流れのエネルギーは大きく，建物を破壊し多くの人命を奪っている．そのため，破壊された家屋や植生などの漂流物が陸地を被い，沿岸でも大規模な浸食が見られた．東北地方太平洋沖地震（東日本大震災）での仙台平野で同様な状況が報告されている．対照的に，スマトラ西海岸では，小さな湾や地盤の急傾斜した場所が多く，遡上してきた津波が斜面などを一気に駆け上がった痕跡が見られた．そこでは，浸水の面積は小さいが，遡上高さは非常に高く，地域によっては30m以上になっていた．日本では三陸沿岸などでも同じ状況が生じている．

10.2 戻り流れの強さ

　津波は往復運動であるので，押し波と引き波が交互に来襲し，行き来する流れとなって影響を及ぼす．とくに，陸上に遡上した場合に，津波は運動エネルギーが大きくなるために，高台まで駆け上がることができる．しかし次第に，その勢いは低下する．その後の沿岸での水位低下に伴って，重力により水塊は海

域へと戻される．これが「戻り流れ」であり，強い逆流となる．2011（平成 23）年の東日本大震災での各地の**防潮堤**（sea wall）が崩れる原因となったように，しばしば，陸上構造物周辺や沿岸で大きな浸食が見られるが，この戻り流れが主な原因である．斜面勾配が大きいほど，重力により加速され，かつ，段差などがある地形では，射流状態になりやすいため，強い戻り流れが生じる．沿岸部の住民や利用者なども，この戻り流れにより沖に流されて，漂流し溺死してしまう場合が多い．

戻り流れの現象は，港湾部の出入り口でも観測される．押し波により港内に流入した津波が，次の引き波で狭い港口から出るために，強い流れや渦を形成する．漁船などの港外への避難で最も気をつけなければならない点である．

10.3 波先端条件

津波の波先端の条件は，解析的・数値的に扱う際に，最も難しい課題である．ここでは，水深がゼロの特異点になり，数値的には不安定，さらには発散の原因にもなっている．しかしながら，この波先端は津波遡上域を推定する際に重要な役割を担っており，避けては通れない重要な課題である．

解析的には，オイラー（Euler）的（固定座標系），ラグランジュ（Lagrange）的（移動座標系）な手法により検討がなされている．差分法などの数値解析はオイラー的手法を採用しているので，前者での条件設定が必要になる．数値解析での支配方程式は，第 9 章でも紹介したが，(10.1) 式に示す非線形長波理論（運動量方程式）である．岩崎・真野（1979）の条件がその代表例として利用されていた．

$$\frac{\partial M}{\partial t}+\frac{\partial}{\partial x}\left(\frac{M^2}{D}\right)+\frac{\partial}{\partial y}\left(\frac{MN}{D}\right)+gD\frac{\partial \eta}{\partial x}+\frac{gn^2 M\sqrt{M+N}}{D^{7/3}}=0 \quad (10.1)$$

ここで，M, N は x, y 方向の流量，D は全水深，g は重力加速度，n はマニング（Manning）の粗度係数，η は水位である．

波先端条件として，従来用いられてきた岩崎・真野（1979）の条件をまとめると以下のようになる．

（1）津波の先端は全水深 D がゼロとそれ以外の格子の境界にある．
（2）流量を計算するための全水深は，両側の水位の高いほうの値を使って求

10.3 波先端条件

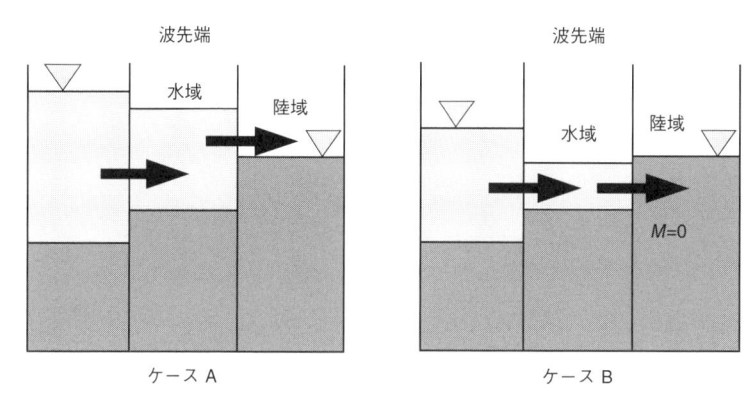

図 10.4 波先端での水位と流れの計算
左が遡上し，右はまだ遡上していない状態．

める．具体的には一次元伝播（x 方向とし，位置を i と定義する）の場合に，

$$D(i) = h(i) + \max[h(i), h(i-1)] \tag{10.2}$$

となる．ここで h は静水深（地盤の高さに相当），$D(i)$ がゼロまたは負の場合には，流量をゼロとする．

（3）M^2/D などの項で，D がゼロに近づいた場合には，この項は D^2 に比例してゼロに近づくのでこれをゼロとして省略する．非常に，簡便で実用的な方法である．

ただし，以上の方法において (2)，(3) が問題となる．まず，(2) の方法では図 10.4 に示すように，ケース B の全水深がない場合（陸域）において，流体側（水域）の水位が次の陸上側の地盤高（水位と同じ）よりも低い場合には，遡上することができないにもかかわらず，計算がなされてしまう．さらに，図 10.4 ケース B の場合には，(10.1) 式の第 4 項である圧力項中の全水深の扱いにも注意が必要であり，越流公式やその研究に従い，流量計算での全水深は，手前の全水深 $D(i-1)$ よりも，以下の式に示すように水位 $h(i-1)$ と次の地盤高 $h(i)$ との差を用いるべきである．

$$D(i) = h(i-1) - h(i) \tag{10.3}$$

さらに，(3) において，D がゼロに近づいた場合には，確かにこれをゼロと

第 10 章 陸上での挙動と関連現象

して省略するべきであるが，移流項自体を省略することはできない．波先端での移流項は大きく無視できないために，これを省略すると流量の計算精度が大きく低下する．ここでは，差分化した各項の全水深を調べ，それがゼロに近い場合には，その項のみを省略しそれ以外は残して，移流項の計算をしなければならない．

以上より，改善された波先端条件は，以下のようになる（小谷ほか，1998）．

(2)′ 流量を計算するための全水深は，陸域計算点の地盤高と先端部での水位の差とする．その差が負の場合には，流量をゼロとする．

(3)′ 移流項の計算の際に，全水深がゼロまたはある下限値より小さくなった場合には，その全水深を分母としてもつ項のみを省略し，移流項の計算を行う．

10.4 抵抗則

津波は，海底や陸地との底面での**摩擦抵抗**（friction），または，陸上での建物などの形状抵抗を受けることになる．これによりエネルギーが低減される．とくに，海底または陸上での摩擦抵抗則は，定常流でのマニング則が広く用いられ，表面状態に応じて粗度係数が選定される．なお，津波・洪水の数値計算における粗度係数は経験的に与えられており，その妥当性と与え方の基準に課題が残されている．

まず，河川洪水氾濫において，水理模型実験から密集市街地における粗度係数を直接推定した結果があり，さらに**津波氾濫計算**（tsunami flood/inundation simulation）においては，経験的に用いられている係数がある．表 10.1 にその結果をまとめる．ここで，相田（1977）の用いた摩擦損失係数は，等流仮定の下に**等価粗度係数**（equivalent roughness coefficient）に置き換えてある．土地状態の分類の定義に若干の違いがあるが，全体的に相田（1977）の値のほうが小さいことがわかる．一方，基礎的な水理実験の研究例として Goto and Shuto（1983）の結果がある．彼らは，大障害群の抵抗則を求め家屋の等価粗度を提案している．とくに，流れを前面，障害物内，後方の 3 つの領域に分類しているが，流れが速い場合には，後方での損失が大きいようである．この場合，家屋間が狭い場合（高密度の状態，無次元家屋間隔 $b = 0.3$）に，抵抗係数は 3.4 となり，前後の水深差を 1 m とすると粗度係数 n の値が 0.11 となる．さらに，低密度の

10.4 抵抗則

表 10.1　Manning 粗度係数の比較と小谷ら (1998) の設定した係数

福岡ら (1994)		相田 (1977)		Goto and Shuto (1983)		小谷ほか (1998)	
	推定粗度		等価係数		推定係数		設定粗度
1. 80%以上	0.1			1. 高密度	0.11		
2. 50~80%	0.096	1. 密集地	0.07			1. 高密度の居住区	0.080
3. 20~50%	0.084	2. やや密度の高い地域	0.05	2. 中密度	0.05	2. 中密度の居住区	0.060
4. 0~20%	0.056			3. 低密度	0.03	3. 低密度の居住区	0.040
5. 道路	0.043	3. その他の陸地	0.02			4. 森林域 (果樹園・防潮林含まず)	0.030
						5. 田畑域 (荒れ地含む)	0.020
		4. 汀線付近 (防潮林含)	0.04			6. 海域・河川域 (防潮林含まず)	0.025

状態 ($b = 0.7$) では，n は 0.03 になる．この結果も表 10.1 に加える．小谷ら (1998) は，このような過去の研究を整理し，かつ，土地利用を GIS データに入れ込み，津波の遡上計算の際に，粗度係数を土地利用の関数として変化させることにより精度の向上を図っている．ここでの GIS 土地利用データは，森林，農地，工場，市街地などの土地利用に応じて 6 種類の分類を行っているので，それぞれに対応する粗度の設定を行った．その結果を表 10.1 に加えてある．

さらに，住宅域などの場合には，建物専有面積やその形状などにより，粗度係数を合理的にかつ正確に設定する場合があり，油屋・今村 (2002) は以下のように，**合成等価粗度** (composite equivalent roughness) の導出を提案している．流水に作用する力は，底面摩擦力 R_1 と家屋の抵抗力 R_2 の合力であり，それぞれ (10.4), (10.5) 式のように表すこととする．これをふたたび等価な粗度として置き換えることにより，合成等価粗度係数 n は (10.6) 式のように導かれる．

$$R_1 = \rho g D \frac{n_0^2 u^2}{D^{4/3}} dx\,dy \left(1 - \frac{\theta}{100}\right) \tag{10.4}$$

$$R_2 = \frac{1}{2} C_{\mathrm{D}} \rho u^2 k D \frac{\theta}{100} dx\,dy / k^2 \tag{10.5}$$

$$n = \sqrt{n_0^2 + \frac{C_D}{2gk} \times \frac{\theta}{100-\theta} \times D^{4/3}} \tag{10.6}$$

ここで，n_0 は底面粗度，D は水深，k は家屋の幅，ρ は水の密度，u は流速，θ は**家屋占有面積率**（house occupation ratio），C_D は**抵抗係数**（drag force），dx，dy はそれぞれ x,y 方向の格子幅である．従来のマニング粗度は一定値または経験的に与えられるのに対して，合成等価粗度 n は C_D，θ，D，k によって合理的に求めることが可能である．

さらに，実用的な摩擦係数としてマニング則を使うときに，海底勾配や水深，周期の影響を受けずに，底質の等価砂粒粗度 k_s のみから粗度係数 n を推定する次の関係式も導かれている．

$$n = \frac{0.15 k_s^{1/6}}{\sqrt{g}} \tag{10.7}$$

$n = 0.025$ に相当する粒径 k_s は 2 cm となる．

10.5 植生の役割

沿岸域での植生も津波にとっては抵抗のひとつとしての役割がある．わが国の海岸線に沿っては**防潮林**（control forest）が整備され，また，東南アジアの国々ではマングローブ林が厚く海岸線に沿って存在している．いわば自然防災力としての植生帯は，一部海岸浸食の防止に効果があり，さらに津波などの災害抑止力としての役割が期待されている．これらの効果を適正に評価し，積極的に活用していくことは，財政面，環境面，景観面など多面的に期待される防災技術である．

植生帯は，green belt さらには green barrier とよばれるように，沿岸をラインで守ることができる透過性の抵抗帯である．したがって，津波の浸水は許すが，エネルギーを低下でき，背後地での被害の軽減に役立つといわれる．人工構造物と違って，建設費用やメンテナンス費用は小さく，継続的に機能の維持が期待できる．

過去の津波災害の事例から，防潮林を代表とした植生帯の効果を整理する．減災の効果としては，以下の4例が挙げられる（図 10.5 参照，今村・柳沢，2006）．

（1）背後地への津波の**低減効果**（mitigation）

10.5 植生の役割

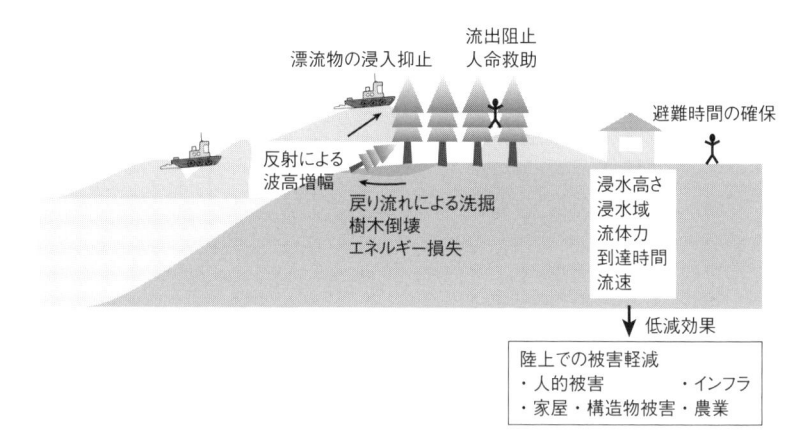

図 10.5 防潮林による津波減災効果

（2）漂流物の内陸への浸入阻止
（3）海域への流出阻止（人命救助）
（4）砂丘の形成・維持

ここでは，マングローブモデルの影響を考慮するため，モデルの透過性，マニング抵抗則，付加質量を運動方程式に取り入れる．これらの係数を含む一次元の運動方程式は (10.8) 式のように表される．

$$\left(1 - \frac{V_{\mathrm{obs}}}{V}\right)\left[\frac{\partial M}{\partial t} + \frac{\partial}{\partial x}\left(\beta \frac{M^2}{D}\right) + gD\frac{\partial \eta}{\partial x}\right]$$
$$+ gn^2 \frac{M|M|}{D^{7/3}} + C_{\mathrm{M}} \frac{V_{\mathrm{obs}}}{V} \frac{\partial M}{\partial t} = 0 \tag{10.8}$$

$$\beta = \frac{\int u^2\,dz}{\left(\frac{\int u\,dz}{h+\eta}\right)^2 (h+\eta)} = \frac{\int u^2\,dz}{\left(\frac{M^2}{D}\right)} \tag{10.9}$$

ここに，M は流量 $\left(\int u\,dz\right)$，D は全水深（$= h+\eta$，h: 静水深，η: 水位），β は運動量補正係数，C_{M} は**付加質量**（added mass）係数，V_{obs} は水面下におけるモデル（ここではマングローブ）の体積，V は水面下の全体積，n は粗度係数である．

ここのモデルでは，対象とする入射波を津波としており，一般に津波の解析に用いられる水深方向積分型の非線形長波の運動方程式をもとにモデルの透過

性，マニング抵抗則，付加質量を運動方程式に取り入れたものが上式である．(10.8) 式の局所，移流，圧力項にかかる $(1 - V_{\mathrm{obs}}/V)$ は水面下の全体積に対する空隙の体積を表し透過性の効果を示している．(10.8) 式の第 4, 5 項はマニング抵抗則，付加質量による抵抗として与えている．疑似マングローブの前面，内部，後面では鉛直方向に水平流速は一様ではなく，マングローブの鉛直構造変化による分布をもつ．このため水深積分型の移流項は (10.9) 式の運動量補正係数を用いて (10.8) 式第 2 項のように表される．

10.6 流速と波力

津波による被害としては，浸水することにより生じる場合のほか，流れや波力の作用により生じるものがある．波力は，一般的には流れの 2 乗と浸水深に比例するといわれ，流れの影響のほうが大きい．

通常，流れは視覚で確認することが難しいので，その存在や役割について知られていない部分が多い．流体の流れは，**フルード数**（Froud number；波速に対する流速の無次元数）1 を境として，射流または常流となる．射流とは，たとえばダム放水路上で見られるように，波が流れをさかのぼれない状態である．津波の場合，砕波のように波動を伝える媒質である水粒子の速度が波の伝播速度を上回るため，水が前面から飛び出すような状態である．一方，常流では，波の伝播速度に比べ水粒子速度は遅い．

波力は，**水流圧力**（hydraulic pressure）を流体作用面積で積分することにより算出される．なお，単位面積あたりの力を波圧といい，さまざまな形態を有しており，主に以下の 3 つに分類される．

まず，通常の**波圧**（wave pressure）である．これは，砕波前に確認できる波圧であり，静水圧と波動運動による動圧に分けられる．重力波に関する波圧算定式としては，系統的な波圧実験の結果に基づいて，重複波圧から砕波圧までを区別することなしにひとつの式で表す算定方法が提案されている．

次に，砕波後には**段波波圧**（bore pressure）が生じる．津波の段波波圧を対象にした研究としては，段波の堤体衝突により生じる水位および波圧を詳細に測定し，段波津波の波速算定式が提案されている．さらに，段波津波の堤防面**遡上高**（runup），**重複波高**（standing wave height），**動波圧**（dynamic wave pressure），

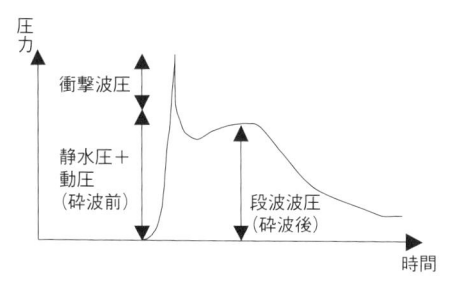

図 10.6　津波波圧の定義

持続波圧（continuing wave pressure），堤防越流量などの水理量についても算定式が提案されている．

最後に，**衝撃波圧**（shocking wave pressure）がある（図 10.6）．この波圧は，波の周期とは関係のない非常に短い時間の間だけはたらく衝撃的な波圧である．水理実験により得られた床版にはたらく**衝撃揚圧力**（impacting wave pressure）を現地で換算する方法についても提案されている．

10.7　津波強度と被害規模

津波による外力が防災力や強度を上回った際に被害が生じるので，それらの関係（被害発生基準）を知ることは予測や対策を実施するうえで大切である．過去，史料や被災調査報告書には，人的被害や家屋被害の記述はあるが，外力である浸水域や浸水高さを明確に記載している事例は意外と少ない．また，被災率について以下のような定義があり，これらが混在している場合がある．

(1) 被災率 $= \dfrac{浸水により被害を受けた家屋数}{集落全体の家屋数}$

(2) 被害発生率 $= \dfrac{浸水により被害を受けた家屋数}{浸水した家屋数}$

このように分母にくる対象家屋数が異なるので，注意が必要であり，過去の史料には，(2) による被害発生率による記述が多いので，確認が必要である．

津波による家屋の被災率や被害発生率は，家屋の立地条件，その構造，津波の浸水高さおよび陸上に遡上後の流速などにより大きく変化するが，以下のような過去の研究事例がある．

第 10 章　陸上での挙動と関連現象

　まず，1933（昭和 8）年の三陸津波における釜石・雄勝間の家屋の被害調査から，被害程度（これは被災率に対応）と浸水高さとの間には，次のような関係があることが見出されている．
　（1）浸水高さが 1〜1.5 m で家屋は大半半壊程度の被害を受ける．
　（2）浸水高さが約 1.3 m になると土台に密着していない家は動き出す．
　（3）浸水高さが 2 m 以上になると 1 階はすべて破壊され，2 階は地上に落ち，平屋や構造の弱い家はほとんど破壊を免れない．

　次に，家屋の被害発生条件をより明確にするために，次のような家屋の破壊率 D を定義して，過去の被害資料を解析している．

$$D = \frac{a + (b/2)}{a + b + c} \times 100(\%) \tag{10.10}$$

ここで，a：流出家屋と全壊家屋の合計，b：半壊家屋，c：床上・床下浸水家屋数で，チリ地震津波の例では，
　（1）水高さが 1 m 以下では，家屋の破壊は生じない．
　（2）2 m 以上になると D は 50％あるいはそれ以上になる．

　なお，津波浸水高さなど家屋被害率の関係には，チリ津波以前と以降では注意を払う必要がある．まず，チリ津波の例では，木造家屋が地上からの水深（浸水高さ）が 1.5〜2.0 m でほとんど倒壊しているが，木造モルタル造りでは 2.0 m 程度ではほとんど無傷である．ところが，1933 年三陸津波の場合には，木造家屋は 1.5 m 以上でほとんど流出している．戦後，家屋の土台が固定されたり，構造強度が高められた効果によることが一因である．ただし，大船渡などの被害の大きかった住宅流出倒壊家屋数を見ると，同じ程度の浸水高さに対しても数の減少が見られない．これは，単に流れとしての津波の流体力による破壊だけでなく，漂流した木材や舟その他の衝突による破壊がとくに多かったと推察されている．

　最後に首藤（1992）による家屋の構造別被害程度によると，
　（1）津波高（浸水高さ）が 0〜1 m で木造家屋が半壊
　（2）津波高（浸水高さ）が 1 m 以上で木造家屋が全壊
としている．ただし，家屋の基礎や床高さがあるので，推定浸水高さはもう少し高いと思われる．

　今後，建物の構造タイプごとのフラジリティー関数が評価されれば，被害推

定の精度は向上していくものと考える．東日本大震災では，津波による建物被害のフラジリティー関数が多く研究されている（Suppasri *et al*., 2012）．

10.8 土砂移動 − 浸食と堆積

　津波による被害については，先ほど述べたように波高，遡上高さ，流れや波力に関連した人的・家屋被害を中心に研究が行われている．しかし最近，津波による思わぬ災害として**土砂移動**（sediment transport）による事例も着目されている．また，最近の津波現地被害調査などでは，津波の来襲後に数十 cm 程度の堆積層が確認され，これから津波の陸上での挙動特性などが推定されている．沿岸に到達した津波は，**掃流力**（tractive force）を増し，**浮遊砂**（suspended load）と**掃流砂**（bed load）という形式で陸上に移動させる．掃流力が大きいほど浮遊砂の割合は大きくなることなどを利用した推定である．

　さらに，津波だけでなく，高波浪などでも土砂移動が起こる場合があり，これらの区別が重要である．遡上した津波の場合には，陸上での抵抗や**浸透**（penetration）により徐々に掃流力を低下させ，砂を沈降または停止させていく．津波は長周期波であり，シート状に広い範囲で比較的均一に砂を堆積させるので，高波や高潮による砂移動状況と異なると考えられ，これらの明確化が必要である．さらに，津波による砂堆積の層厚はくさび形状になるのである．また，砂の粒径を詳細に調べると，陸上にいくに連れて径は小さくなり分級していく．このような状況が陸上に残された堆積層に蓄積されると考える．

　津波による土砂移動は，底面を這うように粒子が移動する掃流層と，粒子が浮遊した状態で移動する浮遊層に区分される．実際の現象では両層の明瞭な境界は存在しないが，ここで掃流層と浮遊層に分離したモデルを考えると，浮遊砂層，掃流砂層内での流下方向への移動，重力による沈降および掃流砂層から浮遊砂層への巻き上げを考慮する必要がある．

10.9 津波石とその移動

　津波は，大量のシルト〜砂サイズの粒子を運搬する以外にも，巨大な岩塊や構造物を破壊し移動させる．とくに，津波によって巨大な岩塊が陸上に打ち上

第 10 章　陸上での挙動と関連現象

図 10.7　明和地震津波による移動石（石垣島大浜）

げられるという現象がしばしば報告されており，こうしたものは「津波石」とよばれている．代表例としては，沖縄県石垣島の海岸に分布する大小 300 個ものサンゴ礁起源の石灰岩が挙げられ（図 10.7 参照），その最大重量は 700 t を超えるともいわれている．1771（明和 8）年明和地震津波やそれ以前の津波により移動されたと推定されている．また，1883 年のインドネシア・クラカトワ火山噴火に伴う津波によっても，大量のサンゴが内陸方向に移動したことが報告されており，最近では 2004 年インド洋大津波によっても巨大なサンゴが大量に運搬されたことが報告されている（Goto et al., 2010）．また，世界各国の沿岸域でも同様の巨礫が報告されており，津波だけでなく高波やハリケーンなどによって移動したものがある．それぞれの起源をきちんと推定することが重要である．さらに，サンゴなどの自然石だけでなく人工物も移動している．1983（昭和 58）年日本海中部地震に伴って発生した津波によって，多数の異型ブロックが内陸方向に移動したことが報告されている．

　津波石やブロックの移動は津波流体力の影響を強く受けるため，その移動過程の解析を行うことで，沿岸や陸上での津波流体力や流速に関する検討が砂質の津波堆積物より容易にできると考えられる．津波石やブロック移動を対象とした数値モデルに関する研究が現在検討されている．なかでも Imamura et al. (2008) は，水理実験結果を用いて，津波石の移動形態を分類し，底面摩擦係数 $\mu(t)$ を調整することにより，より正確な移動モデルを提案している（図 10.8 参照）．

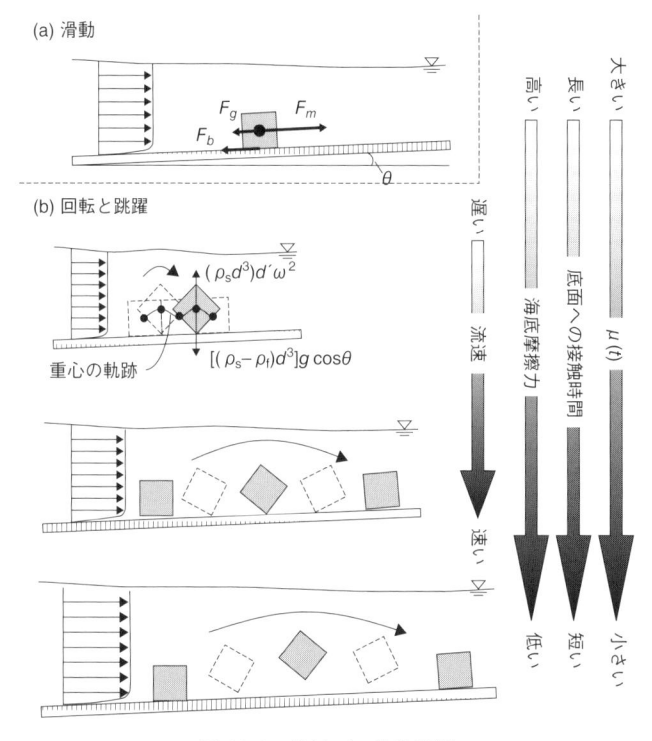

図 10.8 津波石の移動形態
μ は底面摩擦係数．(Imamura et al, 2008)

10.10 津波データや津波堆積物データからの断層運動の推定

　津波の発生が地震による断層運動であることが明らかな場合に，津波の観測情報から断層の詳しい挙動を逆に推定する方法が検討されている．断層の上下変位が水面によるものとほぼ等しく，この水面変動は津波の伝播特性に大きく影響していることを利用する．さらに，津波の周期は数分から1時間程度であり，地震波に比べてはるかに周期が長いために，断層上での不均一性などを調べる際に観測波形による**逆推定**（inversion method）における空間の分解能は高いものと期待される．このような発想から，逆伝播解析が生まれた．

第 10 章　陸上での挙動と関連現象

　津波の波形による逆解析で推定できる内容としては，海面の変動（上下変位が中心）であるために，

（1）断層運動の範囲（震源または波源）
（2）断層の変位分布（メカニズムがわかれば，断層のすべり量まで推定可能）

の推定が可能であると考える．まずは，伝播時間に注目して，地震（津波）発生から各沿岸部までの所要時間（伝播）がわかれば，逆伝播して，各地から波源域にさかのぼることができる．津波の伝播速度は基本的に水深に影響されるため，水深分布を与えれば伝播の過程がわかる．通常，観測場所から同心円状に波向き線を放射し，ある時間ごとに包絡線が描ける．それぞれの到達時間の交点（交線）が波源の外郭となる．できるだけ，空間的にばらついた地域で観測できれば，波源の全体形状がわかる．また，津波初動の押しと引きがあるので，この情報から波源での隆起と沈降の状況も推定できる．

　次に，波高に注目すると，水面変位分布が直接に推定できることになる．とくに，波源から直接伝播する第一波は，沿岸での反射や共振の影響が少なく，変位の影響を強く受けやすいので，逆推定の対象として選ばれる．逆推定にはグリーン関数（Green fuction，応答関数）が用いられ，波源上での単位変化を初期条件として与えて伝播させ，各地点での波形を出せば応答関数となる．実際の観測波形は，形状が同じであるが，振幅が異なるはずであるので，応答関数に対する観測波形の振幅比が変位量になる．この基本を応用し，観測点を増やしたり，波源でのグリーン関数を複数に仮定したりして，詳細な分布状況が推定される．

　以上の方法で，空間的な水面変化が推定でき，地震のメカニズムを考慮することにより，断層のすべり量も評価可能となる．なお，ここでは，いくつかの仮定を設けている．たとえば，海底と水面の変動が同じである，断層の動的な挙動を考慮していない，断層の水平運動による津波発生はない，などである．今後，これらの仮定を見直すことにより推定精度の向上やその所要時間の短縮が図られるものと考える．

参考文献

[1] 油屋貴子・今村文彦（2002）合成等価粗度モデルを用いた津波氾濫シミュレーションの提案，海岸工学論文集，**49**, 276-280.

[2] 相田 勇（1977）陸上に溢れる津波の数値実験―高知県須崎および宇佐の場合，地震研究所彙報，**52**, 441-460.

[3] 福岡捷二・川島幹雄ほか（1994）密集市街地の氾濫流に関する研究，土木学会論文集，**491**/II-27, 51-60.

[4] Goto, C. and Shuto, N.(1983) Effects of Large Obstacles on Tsunami Inundations, "Tsunamis—Their Science and Engineering", pp.511-525, Terra Scientific Publishing.

[5] Goto, K., Okada, K. and Imamura, F.(2010) Numerical analysis of boulder transport by the 2004 Indian Ocean tsunami at Pakarang Cape, Thailand. *Marine Geology*, **268**(1-4), 97-105.

[6] 今村文彦・柳澤英明（2006）海岸植生帯の津波防災への機能―減災か被害拡大か？特集：防災・減災に植生の機能をどう生かすか，自然災害科学，**25**(3), 264-268.

[7] Imamura, F., Goto, K. and Ohkubo, S.(2008) A numerical model for the transport of a boulder by tsunami. *Journal of Geophysical Research—Ocean*, **113**, C01008, doi:10, 1029/2007JC004170.

[8] 岩崎敏夫・真野 明（1979）オイラー座標による二次元津波遡上の数値計算，第26回海岸工学講演会論文集，pp.70-74.

[9] 小谷美佐・今村文彦・首藤伸夫（1998）GISを利用した津波遡上計算と被害推定法，海岸工学論文集，**45**, 356-360.

[10] Suppasri, A., Koshimura, S., *et al.*(2012) Damage Characteristic and Field Survey of the 2011 Great East Japan Tsunami in Miyagi Prefecture, *Coastal Engineering Journal*, **54**(1)., 1250005（30p.）.

索　引

あ行

アイソスタシー　40
アジマス圧縮　115
アスペリティ　147

位相の不確定性　107
一重位相差　108

運動量保存式　173

衛星高度計　25
エッジ波　183
エネルギー指向性　179
エネルギー流束　176
遠地津波　171, 181

オイラー周期　85
オイラーの運動方程式　80

か行

海溝　184
海水準の変化　90
海底せん断力　174
海洋潮汐　25, 74
海洋底拡大　49
海洋リソスフェア　54
海嶺　184
家屋占有面積率　196
火山噴火　165
画像マッチング　116
干渉 SAR　111

擬似距離　103
基準点　110
基線長　116
軌道間距離　116

キネマティック測位　109
逆推定　203
共振現象　187
協定世界時　12
極運動　84
近地津波　181

食い違い　163
屈折　176
グリーン関数　204
クレローの定理　7
群速度　176

合成開口処理　115
合成開口レーダー　111
合成等価粗度　195
後退波　179
高度補正　29
航法メッセージ　102
固体地球の冷却　51
古地磁気学　62
後氷期隆起　88
固有振動　187

さ行

歳差運動　82
最終海底変動量　163
砕波　186
山岳氷河　92
散乱波　184

ジェット推進研究所　122
ジオイド　16
ジオイド高　16
地震間期間　154
地震発生域　154
地すべり　165
視線方向　117

持続波圧　199
質量保存式　173
自転角速度　86
GPS 音響結合海底精密測位法　119
GPS 連続観測システム　111
周期　166
重力　3
重力異常　20, 28
重力衛星　23
重力計　26
重力の単位　3
重力ポテンシャル　8
衝撃波圧　199
衝撃揚圧力　199
章動　82
小氷河期　90
深海波　167
進行波　179
浸透　201
振幅　166

水流圧力　198
数値分散性　181
スタッキング　118
スタティック測位　109

正規重力　14
正規楕円体　5
整数値バイアス決定法　104
精密単独測位法　109
浅海波　167
線形周波数変調パルス　112
浅水係数　176
全地球測位システム　101

207

索　引

掃流砂　201
掃流力　201
測地基準系 1967　13
測地基準系 1980　15
遡上　160, 189
遡上高　198

た 行

大陸移動　49
立ち上がり時間　165
断層運動　163
段波波圧　198

地殻熱流量　50
地球回転　80
地球座標系　10
地球重力場　23
地球中心慣性座標系　105
地球潮汐　74
地形データ　118
地形補正　30
地心緯度　6
潮汐　74, 170
長波　167
重複波高　198
地理緯度　5

津波強度　171
津波警報システム　164
津波最高水位　167
津波最低水位　168
津波高さ　167
津波波源　180
津波氾濫計算　194

低減効果　196
抵抗係数　196
伝播　160
伝播速度　165, 176
天文座標系　10
電離圏全電子数　106

等価粗度係数　194

到達時間　167
動的地形　42
動波圧　198
土砂移動　201
土石流　165

な 行

波先端部　186

二重位相差　108
2 層流モデル　166
日本重力基準網 1975　15

熱境界層　54
熱対流　49

は 行

波圧　198
破壊伝播速度　164
波高　166
波状性段波　186
波数分散性　178
波長　166
バックスリップ　155
発生機構　160
波動運動　160
搬送波位相　104
万有引力定数　9

非圧縮性　173
非回転　173
非線形性　178
標高　16
氷床　88
表面張力波　170
表面波　167

付加質量　197
ブーゲー異常　29
物理分散性　181
浮遊砂　201
フリーエア異常　28

フルード数　198
プレートテクトニクス　59
プレートの境界　60

変位　163
扁平率　6

放射性熱源　49
放送暦　102
防潮堤　192
防潮林　196
補償面深度　41
ホットスポット　61
ポテンシャル論　19

ま 行

摩擦抵抗　194
マントル対流　52
マントルの粘性　89

水粒子速度　176

戻り流れ　189

や 行

有限要素　139
有限要素法　139
ユーレイ比　50

余効すべり　151
余効的地殻変動　150

ら 行

陸棚　184
流体核共鳴　83

レイリー数　52
レンジ圧縮　114

わ 行

湾内固有振動　163

欧文索引

A

added mass 197
after slip 151
ambiguity resolution 104
arrival time 167
asperity 147
azimuth compression 115

B

back slip 154
baseline length 116
bed load 201
bench mark 110
bore pressure 198
Bouguer anomaly 29
breaking 186
broadcast ephemeris 102

C

capillary wave 170
carrier phase 104
celerity 176
Clairaut's theorem 7
composite equivalent roughness 195
continental drift 49
continental shelf 184
continuing wave pressure 199
control forest 196
cooling of the Earth 51
coordinated universal time 12

D

debris flow 165
deep water wave 167
DEM 118
digital elevation map 118
dislocation 163
dispersive 178
displacement 163
double difference 108
drag force 196
dynamic topography 42
dynamic wave pressure 198

E

Earth rotation 80
earth tide 74
Earth-centered inertial coordinate 106
ECI 106
edge wave 183
elevation 16
energy directivity 179
energy flux 176
equivalent roughness coefficient 194
Euler period 85
Euler's equation of motion 80

F

far-field tsunami 171, 181
fault motion 163
FEM 139
final deformation of sea bottom 163
finite element 139
finite element method 139
flattening 6
fluid core resonance 83
free-air anomaly 28
friction 194
Froud number 198

G

generation mechanism 160
geocentric latitude 6
Geodetic Reference System 13, 15
geographic latitude 5
geoid 16
geoid height 16
GEONET 111
glacial isostatic adjustment 88
Global Positioning System 9, 101
GPS 9, 101
GPS earth observation network system 111
GPS/acoustic seafloor precise positioning 119
GRACE 24
gravimeter 26
gravitational constant 9
gravity 3
gravity anomaly 20, 28
gravity field of the Earth 23
gravity potential 8

209

欧文索引

Gravity Recovery and Climate Experiment 24
gravity satellite 23
Green fuction 204
group velocity 176
GRS 13, 15

H

heat flow 50
height correction 29
hot spot 61
house occupation ratio 196
hydraulic pressure 198

I

ice sheet 88
ICRF 10
image registration 116
imcopressible 173
impacting wave pressure 199
InSAR 111
inter-seismic period 154
interferometric synthetic aperture radar 111
international celestial reference frame 10
international terrestrial reference frame 10
inversion method 203
irrotational 173
isostasy 40
isostatic compensation depth 41
ITRF 10

J

Japan Gravity Standardization Net 1975 15
Jet Propulsion Laboratory 122
JGSN75 15

JPL 122

K

kinematic positioning 109

L

landslide 165
length of day 86
LIA 90
line of sight 117
linear frequency modulation pulse 112
little ice age 90
LOD 86
long wave 167
LOS 117

M

mantle convection 52
mantle viscosity 89
mass conservation 173
maximum water level 167
minimum water level 168
mitigation 196
momentum conservation 173
mountain glacier 92

N

natural frequency 187
natural frequency at bay 163
navigation message 102
near-field tsunami 181
non-linearity 178
normal ellipsoid 5
normal gravity 14
numerical dispersion 181
nutation 82

O

ocean ridge 184
ocean tide 25, 74
oceanic lithosphere 54

P

paleomagnetism 62
penetration 201
phase ambiguity 107
physical dispersion 181
plate boundary 60
plate tectonics 59
polar motion 84
postglacial rebound 88
postseismic deformation 150
potential theory 19
PPP 109
precession 82
precise point positioning 109
progressive wave 179
propagation 160
pseudorange 103

R

radioactive heat source 49
range compression 114
Rayleigh number 52
refraction 176
regressive wave 179
resonance 187
return flow 189
rising time 165
runup 160, 189
rupture velocity 164

S

SAR 111
satellite altimeter 25
scattering wave 184
sea level change 90
sea wall 192

seafloor spreading 49
sediment transport 201
seismogenic zone 154
shallow water wave 167
shear stress on sea bottom 174
shoaling coefficient 176
shocking wave pressure 199
single difference 108
stacking 118
standing wave height 198
static positioning 109
surface wave 167
suspended load 201
synthetic aperture rader 111
synthetic aperture rader data processing 115

T

terrain correction 30
thermal boundary layer 54
thermal convection 49
tide 74, 170
total electron contents 106
tractive force 201
trench 184
tsunami flood/inundation simulation 194
tsunami height 167
tsunami intensity 171
tsunami source 180
tsunami warning system 164
two layer flow model 166

U

undular bore 186
unit of gravity 3
Urey ratio 50
UTC 12

V

volcanic eruption 165

W

water particle velocity 176
wave amplitude 166
wave celerity 165
wave dynamics 160
wave front 186
wave height 166
wave length 166
wave period 166
wave pressure 198

著者紹介

藤本　博己（ふじもと　ひろみ）

略　歴　1976年東京大学理学系研究科地球物理学専攻博士課程修了．東京大学海洋研究所助教授や東北大学大学院理学研究科教授，東北大学災害科学国際研究所教授，国立研究開発法人防災科学技術研究所主幹研究員を経て，2016年退職．

現　在　東北大学名誉教授・博士（理学）

専　攻　地球物理学

著　書　『重力からみる地球』（共著，2000年，東京大学出版会），『海中ロボット総覧』（分担，1994年，成山堂書店），『地球観測ハンドブック』（分担，1985年，東京大学出版会）等．

三浦　哲（みうら　さとし）

略　歴　1985年東北大学大学院理学研究科修了．東北大学大学院理学研究科助手，准教授，東京大学地震研究所教授などを経て，2013年より現職．

現　在　東北大学大学院理学研究科・教授・博士（理学）

専　攻　地球物理学

著　書　『海洋調査フロンティア・海を計測する―増補版―』（分担，2004年，海洋調査技術学会），『弾性体力学―変形の物理を理解するために―』（共著・2014年，共立出版）等．

今村　文彦（いまむら　ふみひこ）

略　歴　1989年東北大学大学院工学研究科博士後期課程修了．東北大学助手，同大学附属災害制御研究センター准教授・教授，京都大学防災研究所客員助教授などを経て，2012年より現職．

現　在　東北大学災害科学国際研究所・教授・副所長（工学博士）．

専　攻　津波工学

著　書　"The Sea : Tsunamis (The Sea: Ideas and Observations on Progress in the Study of the Seas)"（共著，2008年 Harvard Univ.Press），『TSUNAMI ―津波から生きのびるために』（分担，2008年，(財)沿岸技術沿岸センター「TSUNAMI」出版編集委員会編，丸善プラネット）等．

現代地球科学入門シリーズ 8	著 者	藤本博己・三浦　哲 ⓒ 2013
測地・津波		今村文彦
	発行者	南條光章
Introduction to Modern Earth Science Series Vol.8	発行所	**共立出版株式会社**
Geodesy and Tsunami		〒112–0006
		東京都文京区小日向4丁目6番地19号
		電話　03–3947–2511（代表）
		振替口座　00110–2–57035
		URL www.kyoritsu-pub.co.jp
2013年2月25日　初版1刷発行	印　刷	
2022年4月25日　初版2刷発行	製　本	藤原印刷
	一般社団法人 自然科学書協会 会員	
検印廃止		
NDC 450.12, 453, 453.4, 455		
ISBN 978–4–320–04716–7	Printed in Japan	

■地学・地球科学・宇宙科学関連書　www.kyoritsu-pub.co.jp　共立出版

地質学用語集 和英・英和	日本地質学会編
地球・環境・資源 地球と人類の共生をめざして 第2版	内田悦生他編
地球・生命 その起源と進化	大谷栄治他著
グレゴリー・ポール恐竜事典 原著第2版	東 洋一他監訳
天気のしくみ 雲のでき方からオーロラの正体まで	森田正光他著
竜巻のふしぎ 地上最強の気象現象を探る	森田正光他著
桜島 噴火と災害の歴史	石川秀雄著
大気放射学 衛星リモートセンシング気候問題へのアプローチ	藤枝 鋼他共訳
土砂動態学 山から深海底までの流砂・漂砂・生態系	松本亘志他編著
海洋底科学の基礎	日本地質学会「海洋底科学の基礎」編集委員会編
ジオダイナミクス 原著第3版	木下正高監訳
プレートダイナミクス入門	新妻信明著
地球の構成と活動 (物理科学のコンセプト7)	黒星瑩一訳
地震学 第3版	宇津徳治著
水文科学	杉田倫明他編著
水文学	杉田倫明訳
環境同位体による水循環トレーシング	山中 勤著
陸水環境化学	藤永 薫編集
地下水モデル 実践的シミュレーションの基礎 第2版	堀野治彦他訳
地下水流動 モンスーンアジアの資源と循環	谷口真人編著
環境地下水学	藤縄克之著
復刊 河川地形	高山茂美著
国際層序ガイド 層序区分・用語法・手順へのガイド	日本地質学会訳編
地質基準	日本地質学会地質基準委員会編著
東北日本弧 日本海の拡大とマグマの生成	周藤賢治著
地盤環境工学	嘉門雅史他著
岩石・鉱物のための熱力学	内田悦生著
岩石熱力学 成因解析の基礎	川嵜智佑著
同位体岩石学	加々美寛雄他著
岩石学概論(上)記載岩石学 岩石学のための情報収集マニュアル	周藤賢治他著
岩石学概論(下)解析岩石学 成因的岩石学へのガイド	周藤賢治他著
地殻・マントル構成物質	周藤賢治他著
岩石学Ⅰ 偏光顕微鏡と造岩鉱物 (共立全書189)	都城秋穂他共著
岩石学Ⅱ 岩石の性質と分類 (共立全書205)	都城秋穂他共著
岩石学Ⅲ 岩石の成因 (共立全書214)	都城秋穂他共著
偏光顕微鏡と岩石鉱物 第2版	黒田吉益他共著
宇宙生命科学入門 生命の大冒険	石岡憲昭著
現代物理学が描く宇宙論	真貝寿明著
めぐる地球 ひろがる宇宙	林 憲二他著
人は宇宙をどのように考えてきたか	竹内 努他共訳
多波長銀河物理学	竹内 努訳
宇宙物理学 (KEK物理学S3)	小玉英雄他著
宇宙物理学	桜井邦朋著
復刊 宇宙電波天文学	赤羽賢司他共著